—— 世界高端文化珍藏图鉴大系 ——

手上链情

手　链

把玩与鉴赏

BRACELET

苏　易 / 编著

新世界出版社

图书在版编目（CIP）数据

手上链情：手链把玩与鉴赏 / 苏易编著 . —— 北京：
新世界出版社 , 2014.2

ISBN 978-7-5104-4861-4

Ⅰ . ①手… Ⅱ . ①苏… Ⅲ . ①首饰 – 基本知识 Ⅳ .
① TS934.3

中国版本图书馆 CIP 数据核字 (2014) 第 021413 号

手上链情：手链把玩与鉴赏

作　　者：苏　易

责任编辑：张建平　李晨曦

责任校对：张杰楠

责任印制：李一鸣　王丙杰

出版发行：新世界出版社

社　　址：北京西城区百万庄大街 24 号（100037）

发 行 部：（010）6899 5968　　（010）6899 8705（传真）

总 编 室：（010）6899 5424　　（010）6832 6679（传真）

http://www.nwp.cn

http://www.newworld-press.com

版 权 部：+8610 6899 6306

版权部电子信箱：frank@nwp.com.cn

印　　刷：北京市松源印刷有限公司

经　　销：新华书店

开　　本：710×1000　1/16

字　　数：260 千字

印　　张：16

版　　次：2014 年 5 月第 1 版　2018 年 1 月第 2 次印刷

书　　号：ISBN 978-7-5104-4861-4

定　　价：78.00 元

手上链情 | 手链把玩与鉴赏

Bracelet

Foreword
前 言

手链是一种非常流行的饰品，时至今日，更是已经演化为集装饰、把玩、鉴赏于一体的特色收藏品。

佩戴手链的历史非常悠久，据史料记载，在原始社会时人们已经开始佩戴手链了，当时手链主要象征着勇敢、武力等，大多用猛兽的牙齿或骨骼制成。后来用于制作手链的材质越来越多，如石珠、骨珠、蚌珠、木珠、瓷珠、陶珠、玉石、玛瑙、琥珀等。同时，其制作工艺也越来越高，其佩戴意义也从象征权力、地位演变为以装饰为主。随着时代的发展，手链逐渐演变为今日涵盖多种材质的具有装饰与收藏价值的特殊饰品。

由于社会风尚的演变，现代手链常见的制作材质不下数十种，本书精选了几种常见的、具有流行与收藏价值的手链材质，其内容涉及原料特质、品种分类、鉴别选购、把玩保养等，体现了手链内涵的广博深远，彰显了中国几千年传统文化的精髓。本书内容全面，文字通俗易懂，并配以大量的实物图片，详细介绍了各种材质的特征，力求详尽、实用，让收藏爱好者可以从容分辨手链用材的真假，在收藏选购时能做到心中有数，避

Foreword

手上链情 | 手链把玩与鉴赏 | Bracelet

前 言

免一些不必要的损失。

总之，本书采用图鉴的形式编著，内容丰富、记载翔实、图文并茂，不仅极具鉴赏性，还有着很强的实用性。

由于时间仓促，加之编者水平有限，书中难免有疏漏和不妥之处，敬请广大读者、专家批评指正。

古色古香——木质手链

天生丽质——紫檀木手链 /002

幽雅飘香——沉香手链 /009

森林至尊——血龙木手链 /016

木中之冠——花梨木手链 /020

名震四海——金丝楠木手链 /026

吉祥之宝——阴阳木手链 /035

雅致极品——树子手链

时尚文玩——核桃手链 /038

精巧绝伦——橄榄核手链 /050

超凡脱俗——菩提手链 /058

璀璨夺目——珠宝、玉石手链

硬玉之王——翡翠手链 /070

国之美玉——和田玉手链 /090

千年水精——水晶手链 /124

温润细腻——珍珠手链 /161

爱情之石——石榴石手链 /173

黑色金刚——黑曜石手链 /180

东方绿宝石——绿松石手链 /188

雅韵天成——琥珀、玛瑙手链

地球之星——琥珀手链 /196

绚丽晶莹——玛瑙手链 /224

手链

第一章

古色古香——木质手链

天生丽质——紫檀木手链

自古以来，我国就将紫檀木（简称紫檀）视为最名贵的木材，其产量稀少，成材不易。我国最早使用紫檀木是在东汉时期。到了明朝，紫檀木被皇室推崇，开始被大规模采伐使用。清朝之后，可供采伐的紫檀已经不多，因此更加珍贵。

紫檀主要产地是南洋群岛的热带地区，我国两广少部分地区也有出产，但数量稀少。当前最珍贵的紫檀树种是产自印度的"小叶紫檀"。紫檀属于常绿乔木，成材高五六丈。其生长缓慢，一百年才长粗 3 厘米，成材则需要近千年，可见其珍贵

紫檀木手链

20 毫米金星印度小叶紫檀手链

程度。通常情况下，紫檀木的直径在 15 厘米左右，树干扭曲，少有平直，空洞极多，素有"十檀九空"之说。

紫檀是各种名贵硬木中最坚硬的，分量也最重，入水即沉。紫檀的颜色为紫黑，呈现出如犀牛角一般的光泽，其纹理被颜色掩盖，但细看下还是能够看到不规则的蟹爪纹。在《红木国标》中，紫檀被归为紫檀属紫檀木类，学名叫"檀香紫檀"。

紫檀木又名"青龙木"，是红木的最高级别用材。正常情况下，紫檀木一般用来制作家具和雕刻艺术品。用紫檀木制作的家具，一般都不用经常打蜡磨光，更不需要漆油，表面就能够呈现出缎子一样的光泽。所以说，紫檀木是世界上最名贵的木材品种之一。

紫檀木纹理

紫檀木手链的鉴别和选购

鉴别紫檀木手链，最好的办法就是对比，通过感官对比紫檀木的木纹和手感来判断。一些有经验的专家鉴别紫檀木手链一般采用下面 5 步做法。

一、看

鉴别的时候，应该仔细观察木纹，认真对比紫檀木的纹理特征。最好的办法，就是选用两三块纹理正规的紫檀样板，两者对比着来看。这样，就能够看出真伪了。

二、掂

通过掂，能够感受到手上的器物是否达到该体积的紫檀木应该达到的重量，此外，还能够锻炼手感。一般而言，掂紫檀物件的数量超过 800 件，手感就有了。

紫檀镇尺

三、闻

在情况允许的前提下，用小刀刮一刮木茬，然后闻一闻木屑的气味。了解紫檀木的人都知道，紫檀木有一股淡淡的微香，如果香味过浓或无香味，都十分可疑。

四、泡

在鉴别的时候，可以用水或者白酒来浸泡紫檀木屑或锯末。紫檀木屑水的浸出液为紫红色，并且上面还有一层浅浅的荧光。紫檀木屑浸泡出来的水，能够染布，并且永不褪色。

五、敲

用正宗的紫檀木块，最好是"紫檀镇尺"，轻轻敲击紫檀物件，听其声音如何。紫檀木的敲击声清脆悦耳，没有一点杂音。

20 毫米牛毛纹小叶紫檀手链

紫檀木手链

紫檀手链的保养

以前，紫檀手链大多为佛家用具。现如今，很多信佛、追求时尚的人也常常佩戴紫檀手链。因此，关于紫檀手链保养的问题也越来越受到关注。下面就为大家简单介绍一下在日常生活当中如何正确保养紫檀手链。

（1）虽说紫檀木的木质非常坚硬，但在日常佩戴当中，一定要避免剧烈的碰撞，以免使其损坏。

（2）不要让油污及其他化学物品沾到紫檀手链上，因为油污与化学物品，会使紫檀手链改变颜色，损坏手链的价值。

拓展延伸

如何清洗紫檀手链

在日常生活中，如果不小心把紫檀手链弄脏，可以用清水直接冲洗或用湿毛巾擦拭；如果没有显著效果，可用少量中性的沐浴液兑水清洗，之后用干毛巾擦干即可。

紫檀老料满天星手链

基本信息

材料质地：紫檀

规格尺寸：直径 8 毫米

适宜人群：男士、女士

风格特点：简约、时尚、优雅

星语鉴赏

佩戴指数：★★★★★★★★

抢眼程度：★★★★★★★★★

制作工艺：★★★★★★★★

把玩指数：★★★★★★★★★

印度小叶紫檀老料顺纹手链

基本信息

材料质地：印度小叶紫檀

规格尺寸：直径 18 毫米

适宜人群：男士

风格特点：简约、时尚、百搭、优雅

星语鉴赏

佩戴指数：★★★★★★★★

抢眼程度：★★★★★★★

制作工艺：★★★★★★★★★

把玩指数：★★★★★★★★

沉香手链

幽雅飘香——沉香手链

　　沉香又名"沉水香""水沉香"，古语写作"沈香"（沈同沉）。古来常说的"沉檀龙麝"之"沉"，就是指沉香。沉香自古以来即被列为众香之首，它是瑞香科植物白木香或沉香等树木的干燥木质部分被树脂浸润而形成的，是一种香料和中药。沉香木植物树心部位受到外伤或真菌感染刺激后，会大量分泌带有浓郁香味的树脂，使得这部分木质密度很大。一直以来，沉香木都是非常珍贵的香料，被用于燃烧熏香、提取香料、加入酒中。很多时候，沉香木还直接被用来制作艺术品或装饰品。

　　需要注意的是，沉香和檀香有着本质的不同，沉香并非是纯木质的，而是一类

沉香木

特殊的香树"结"出的、含有油脂（树脂）成分和木质成分的固态凝聚物。奇怪的是，形成"沉香"的这类树，本身并没有什么奇特的香味，且木质松软。

根据研究，沉香的密度越大，说明凝聚的树脂越多，其质量也越好，所以古人常以能否沉水将沉香分为不同的级别：入水则沉者，名为"沉水香"；次之，半浮半沉者，名为"栈香"（栈，竹木所编之物），也称"笺香""弄水香"等；那种稍稍入水而漂于水面的则被称为"黄熟香"。

正常情况下，多数沉香都能够用来雕刻佛像、制作供香、制作念珠、装藏供佛，以及配制中药等。在众多手链把玩当中，用沉香制成的手链较

18 毫米印尼达拉干沉香手链

为珍贵，可谓是手链中的上品。沉香按其结成情况不同一般可分为六类："土沉""水沉""倒架""蚁沉""活沉""白木"等。沉香神秘而奇异的香味集结着千百年天地之灵气，有的馥郁，有的幽婉，有的温醇，有的清扬……

沉香手链的鉴别和选购

沉香的一级品并不能用来制作手链，因其质地软，非常容易损坏。因此，市面上大家看到的沉香手链，基本上都是用二级沉香制作出来的，市面上称其为 A 货。下面简单地介绍几种鉴别二级沉香的方法：

20 毫米印尼黑奇楠沉香手链

沉香手链

一、看

通常情况下，沉香表面毛孔细腻的才是 A 货，若毛孔粗大则都为 B 货，也就是沉香的三级品。水沉只有最好的一级品才是黑色的，水沉 A 货一般是黑褐色的，也有暗青黄的颜色的。在生活中或者购买过程当中，如果有人向你展示一串黑褐颜色的沉香手链说是水沉的一级品，那么则说明这不是以次充好就是他也是不知情者。

二、闻

闻是鉴别沉香方法当中最重要的鉴别手段。水沉和土沉最重要的区别就是土沉味道厚而猛烈，水沉则是温和醇厚。闻沉香的味道有个主要的判断标准就是"钻"，也就是说沉香的味道是钻的，真的沉香的味道应该是让人感觉味道是沿着线丝状的路径钻到鼻子里去的。在"闻"的鉴别过程当中，还有另外一个方法，即把沉香手链装到一个密闭的塑料袋里，只要嗅觉正常且沉香是真品，就能闻到沉香从袋子里面散发出来的味道。

三、摸

正常情况下，水沉的二级品看起来好像外面有一层油，但是摸着不脏手，手感也没有油滑的感觉。如果是假货，手上则会留下脏东西。

四、沉

在条件允许的情况下，可以从手链上摘下一颗珠子，然后把它放进一杯纯净水当中，如果是真品，这时便会看到沉香迫不及待地往杯子的底部下沉。不过，这一方法并不科学，结果只能作为一个判断条件来用。因为紫檀也会沉水，生沉香有的也会沉水，反而是最高等级的奇楠是半沉半浮的。

沉香手链的保养

沉香的香味浓郁高雅，品质朴实厚重，历来都是藏家的最爱。在佛教当中，沉香的地位非常高，被奉为礼佛、祭祀、熏香之圣品，有"香中之王"的美誉。现在

18毫米印尼水沉沉香手链

18毫米印尼沉香手链

8毫米越南沉香手链

大部分人对沉香的心仪程度远超过金银珠宝，因此了解一些如何保养好沉香物品的知识就显得格外重要了。

正常情况下，沉香不怕雨水、汗水、自来水等自然界的水，但是要避免其和酸碱性物质接触，切忌和化学药品、香水以及洗涤用品（如香皂、肥皂、洗衣粉水等）等放在一起，尤其应该避免接触的是洗发水。此外，沉香不宜多浸水，以免香气流失。

虽然沉香不怕雨水、汗液等，但是长期佩戴会形成包浆，因此长时间佩戴后香味就会淡一些。因此，平常不佩戴的时候，最好找一个封口袋把沉香手链封存在里面。

沉香的质地较软，因此较易开裂，更怕撞击、摔打。因此，在把玩的时候一定要当心不要让其被硬物、锐器划伤。此外，还有一点也要注意，佩戴沉香制品的时候，不宜喷香水，因为再好的香水味也无法和沉香的香味媲美。

沉香燃点较低，因此一定要注意让其远离火烛，也不宜放在过热之处。

拥有沉香饰品的人，最好选择长期佩戴，因为人的油脂能够使沉香越发光亮。

总的来说，佩戴沉香手链的时候应该尽量避免长时间在太阳下暴晒，平时不佩戴时放入封口袋中，并可以擦拭些橄榄油。

印度加里曼丹沉香手链

基本信息

材料质地：沉香

规格尺寸：直径 15 毫米

适宜人群：男士、女士

风格特点：时尚、大方、休闲、优雅

星语鉴赏

佩戴指数：★★★★★★★

抢眼程度：★★★★★★

制作工艺：★★★★★★★

把玩指数：★★★★★★★★

印尼血龙木王手链

血龙木手链

森林至尊——血龙木手链

　　血龙木可谓是树中之王，有"王者木"的称号。它主要生长在印度尼西亚（印尼）以及马来原始森林当中，在印尼被叫作森林至尊，也叫印尼血龙木王。

　　血龙木的用途主要在工艺品生产方面，到现在为止，血龙木在东南亚已经有上百年的应用历史，当地的原住民携带血龙木进森林以起防身作用；马来西亚的马来人用血龙木医治风湿疼痛；马来西亚华人中医用血龙木作为药引，用它来治糖尿病；马来西亚的苏丹用血龙木制作王椅及剑柄，以此来增加威信；泰国高僧用血龙木制作掩面佛，以此来保护佩戴者；印尼的巫师用血龙木帮助避邪等。

血龙木手链的鉴别和选购

假的血龙木是用环氧树脂液态溶剂浸泡一般木头而成，是一种廉价的人造工艺品材料，并非天然木材。鉴别血龙木手链可从下面两点出发：

（1）用火烧没有刺鼻的气味，而是冒出白烟，与含油量较高的木材燃烧现象相同。

（2）血龙木木质坚硬，刀切时没有塑料感。

血龙木手链的保养

和大多数木质手链一样，血龙木手链也很怕水，血龙木接触水后容易褪色，如果不小心沾上水，应该及时擦干；不要将血龙木和人体的汗液接触，手汗和脸上的汗都不能，因为这样会使珠子表面的光泽度减弱。此外，还要注意不要让其与硬物碰撞。

血龙木手链

血龙木珠

血龙木手链

基本信息

材料质地：血龙木

规格尺寸：直径 15 ~ 20 毫米

适宜人群：男士、女士

风格特点：简约、百搭、大方、优雅

星语鉴赏

佩戴指数：★ ★ ★ ★ ★ ★ ★ ★

抢眼程度：★ ★ ★ ★ ★ ★ ★

制作工艺：★ ★ ★ ★ ★ ★ ★ ★

把玩指数：★ ★ ★ ★ ★ ★ ★

血龙木手链

基本信息

材料质地：血龙木

规格尺寸：直径 15 ～ 20 毫米

适宜人群：男士、女士

风格特点：时尚、百搭、休闲

星语鉴赏

佩戴指数：★★★★★★★★

抢眼程度：★★★★★★★★★

制作工艺：★★★★★★★★

把玩指数：★★★★★★★★

木中之冠——花梨木手链

"花梨出南番广东，紫红色，与降真香相似，亦有香。其花有鬼面者可爱，花粗而淡者低。"清刊本《琼州府志·物产·木类》记载："花梨木，紫红色，与降真香相似，有微香，产黎山中。"现在的人认为，花梨木即"海南檀"，又有人另定名为"降香黄檀"。《广州植物志》中描述，花梨木是"海南岛特产……为森林植物，喜生于山谷阴湿之地，木材颇佳，边材色淡，质略疏松，心材色红褐，坚硬，纹理精致美丽，适于雕刻和家具之用"。

花梨木的产地主要分布在热带地区，主要产地为东南亚及南美、非洲。此外，中国海南、云南及两广地区也有少量栽培。

15毫米越南黄花梨手链

20 毫米泰国黄花梨手链

花梨木手链的鉴别和选购

花梨木的鉴别，主要遵循"六看一闻"的原则。

一、看交错纹理

花梨的纹理呈青色、灰色和棕红色等，并且几种颜色交错分布。

二、看带状条纹

花梨木纹较粗，纹理直且较多，心材呈大红、黄褐色和红褐色，

从纵切面上看，带状长纹明显。

三、看牛毛纹

花梨产地不同，木质也有很大差别，有的质地较细密，有的质松，但从弦切面上看，都能明显地看到类似牛毛的木纹。

四、看鬼脸

《广州植物志》记载："……其纹有若鬼面，亦类狸斑……"花梨的鬼脸，圆晕如钱，大小相错。

五、看偏光

从花梨木切面看折射的光线，只有一个角度可看到折射的光线最亮最明显，而其他角度则不明显，这便是偏光现象。

六、看荧光

花梨中有一层淡淡的荧光，如果把一小块花梨

20毫米海南黄花梨手链

25 毫米虎皮纹海南黄花梨手链

放到水中就能发现，水里漂着绿色的物质，这种物质能发出一种荧光。如果是下雨时淋湿了堆放的花梨木，从流出的雨水中也能看到这种荧光。

七、闻檀香味

在没有外界因素干扰的情况下，把鼻子凑近花梨用力闻一闻，能够闻到一股檀香一样的味道。

花梨木手链的保养

花梨木手链的保养，一般从以下 4 个方面入手：

（1）木材内含有少量水分，因此空气湿度过低会收缩，过高会膨胀，所以不要把花梨木手链放到过于干燥或者潮湿的地方；同时，避免花梨木和硬物摩擦，以免损伤漆面和木头的表面纹理。

30 毫米海南黄花梨手链

花梨木手链

（2）花梨木制作的手链，不宜放在阳光下暴晒，更不宜放在靠近暖炉等高温物体的地方，在拭擦灰尘时，宜用软棉布。

（3）在四季更迭明显的地区，花梨木手链的保养十分讲究。比如伏天过后、春秋两季等，气候由潮变干或由干变潮，这个时候，就不应该把花梨木放在过于封闭的空间内，避免因一面过于干燥或过于潮湿而翘曲。

（4）通常情况下，不要把过于沉重的器物放在花梨木手链之上，以免损坏花梨木。也不要轻易用湿布擦拭花梨木手链，更不能使用碱水、酒精等带有腐蚀性的化学品擦拭。

海南黄花梨手链

基本信息

材料质地：黄花梨木

规格尺寸：直径 19.5 毫米

适宜人群：男士

风格特点：简约、百搭、大方、优雅

星语鉴赏

佩戴指数：★★★★★★★

抢眼程度：★★★★★★★★★

制作工艺：★★★★★★★★

把玩指数：★★★★★★★

名震四海——金丝楠木手链

在中国木材当中，金丝楠木可谓人尽皆知，是中国特有的珍贵木材。但是，很多人只是闻名而未见其面。主要由于，金丝楠木自古以来就是皇家专用木材，因此在民间很难见到。历史上金丝楠木专用于皇家宫殿、少数寺庙的建筑和家具，古代封建帝王龙椅宝座都要选用优质楠木制作，若是民间有人擅自使用，会因逾越礼制而获罪。

和其他木材相比，金丝楠木有很多不可比拟的优点：

（1）耐腐：金丝楠木有着很强的耐腐特性，能够埋在地下千年而不腐烂，因此皇帝的棺木多采用金丝楠木。晚明谢在杭在《五杂俎》当中这样写道："楠木生楚蜀者，深山穷谷不知年岁，百丈之干，半埋沙土，故截以为棺，谓之沙板。

金丝楠木手链

14 毫米金丝楠木手链

佳板解之，中有纹理，坚如铁石。试之者，以暑月做盒，盛生肉经数宿启之，色不变也。"

（2）防虫：金丝楠木能够散发出一股楠木香气，据古书记载，其百虫不侵，用金丝楠木箱、柜存放衣物、书籍、字画，可以避虫。这一点也得到了现代实验的证明，金丝楠木能够抗腐木菌、白蚁的侵蚀，抗海生钻木动物蛀蚀性也很强。现在，一些极其珍贵的书籍和纪念品，只要有条件，大多存放在金丝楠木盒中。

（3）触之不凉：古代宫廷当中，金丝楠木常被用来制作床榻。因为古人发现，金丝楠木具有冬天不凉、夏天不热、不伤身体等其他硬木所不具备的特性。

（4）不易变形，很少翘裂：由于金丝楠木的纹理顺，因此不易变形，不仅胀缩性小，且硬度中，握钉力颇佳。

17 毫米金丝楠木手链

（5）纹理细密瑰丽，精美异常：金丝楠木的质地温润柔和，纹理细腻通达，新切木表面黄中带绿，能散发阵阵幽香。用金丝楠木制作的器物，没有硬邦邦的感觉，且造型优美，光照之下发出丝丝金光，但又清幽无邪，娴静低调。

古往今来，无论是皇帝、大臣、皇亲国戚，还是学者、古建筑专家、家具制造商，没有人不称赞金丝楠木的。正如红木专家杨家驹所说，金丝楠木是国人引以为豪的瑰宝，有了它，中国的庭院建筑更具中国风味。

金丝楠木是非常珍贵的优质良材，它的生长规律可用"大器晚成"四个字来概括（生长旺盛的黄金阶段需要 60 年）。由于金丝楠木的光泽很强（特别是在刨片时有明显的亮点，有人据此称其为金丝楠），即使不上漆，也越用越亮。有的楠木材料会结成天然山水人物花纹，更为难得。用金丝楠木雕刻的木雕也非常漂亮：北京雍和宫金丝楠木佛龛是该宫三宝之一；无锡大佛下的宗教博物馆中，用几十米长的金丝楠木雕刻的五百罗汉堪称一绝。

今天，金丝楠木不仅仅被用来制作家具，在饰品制作及雕刻艺术上，金丝楠木也被广泛运用。在手链把玩盛行的今天，购买、收藏、把玩用珍贵的金丝楠木制作的手链更成为一种较为流行的消费需要。

金丝楠木手链的鉴别和选购

目前，市场上的金丝楠木主要有3类：一类是新金丝楠木，国家
禁止砍伐且数量稀少；二类是老金丝楠木，有从清早期及明朝时的老
房中拆来的，有三峡截流搬迁区及内地古庙宇维修拆下来的；三类是
乌木金丝楠木，即阴沉木金丝楠木，是埋在河里或因地壳变迁埋在地

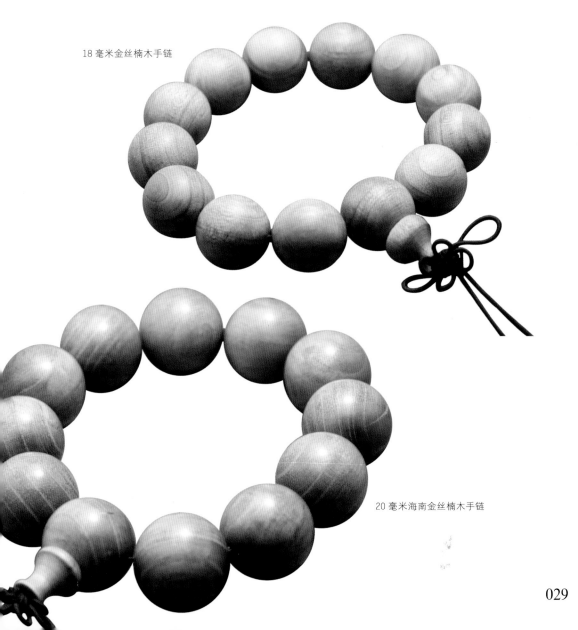

18毫米金丝楠木手链

20毫米海南金丝楠木手链

下几千年的金丝楠木，这一类金丝楠木主要出现在四川。

现如今，随着人们消费水平的提高，金丝楠木已经能够进入寻常百姓家。然而，现在金丝楠木的市场上却鱼龙混杂。因此，选购的时候就应该注意以下几点：

一、看

通常情况下，金丝楠木的木质颜色基本都是浅黄色，偶尔有老料会呈现出金黄色，最外层有淡紫色。如果新切面为黄褐色带浅绿色，在阳光下会折射出丝丝金光，那么这就是金丝楠木当中的金丝。

二、闻

金丝楠木闻起来会有一股淡淡的香味。一般来说，金丝楠木新

金丝楠木手链

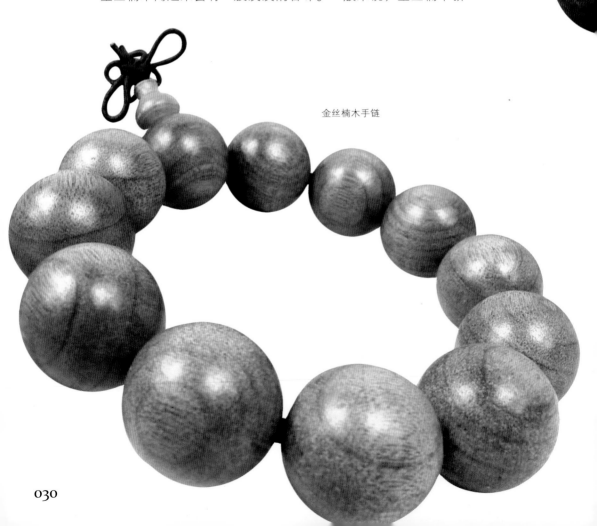

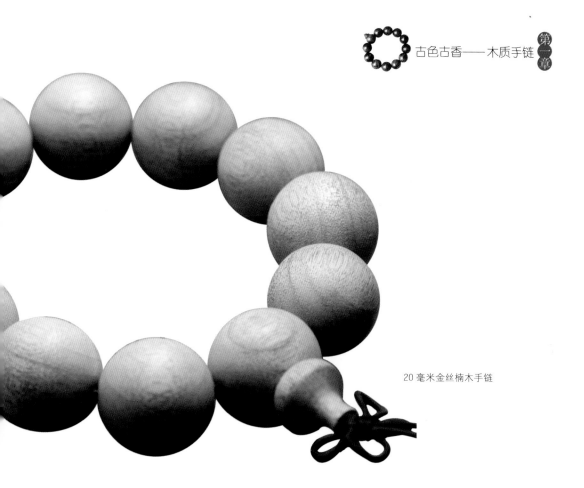

20 毫米金丝楠木手链

料的香味清淡如药材；老料则多为幽香；阴沉料多为沉香味，一些时候会有浓郁花香或者果香味。

三、掂

金丝楠木的木质非常坚硬细腻，耐磨，不易变形或开裂，且手感沉重，其手感重量和红木不相上下。

金丝楠木手链的保养

因为金丝楠木的珍贵和其特有的功效，现在越来越多的人选择佩戴金丝楠木手链。漂亮美观的金丝楠木手链常常给我们带来美的享受，然而有经验的人都知道，金丝楠木手链佩戴久了会发黑，这在很大程度上影响了手链本身的美感，同时还影响到佩戴时的心情。因此，在佩戴金丝楠木手链的过程当中，应该注意以下几点：

（1）不要让金丝楠木手链沾水或者暴晒。如果沾到了水，也不要"乱投医"，可以放在阴凉处自然晾干。

（2）在日常佩戴过程中，还可选用橄榄油来保养金丝楠木手链，这样就能够减少佩戴时的摩擦，起到防护作用。

（3）当我们不佩戴金丝楠木手链的时候，应该把其放到干净卫生的地方。金丝楠手链脏了，不要用水洗，用干燥、柔软的棉布擦拭就可以。金丝楠木是可以盘的，木珠盘半年后，珠子表面会很有光泽，变得越来越漂亮，所以即使不上油，直接盘也可以使珠子很油亮。

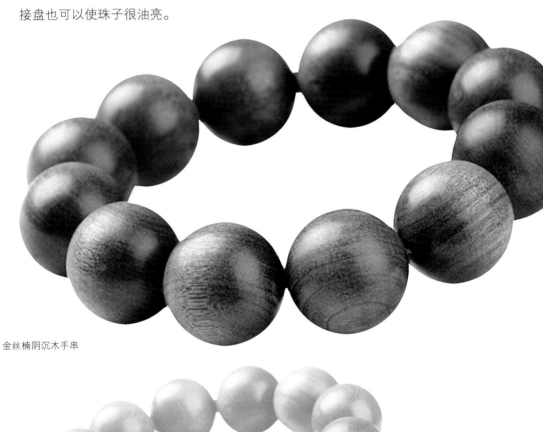

金丝楠阴沉木手串

金丝楠木手链

基本信息

材料质地：金丝楠木

规格尺寸：直径 20 毫米

适宜人群：男士

风格特点：简约、时尚、大方、优雅

星语鉴赏

佩戴指数：★ ★ ★ ★ ★ ★ ★ ★

抢眼程度：★ ★ ★ ★ ★ ★ ★

制作工艺：★ ★ ★ ★ ★ ★ ★

把玩指数：★ ★ ★ ★ ★ ★

精品鉴赏

老料金丝楠木手链

基本信息

材料质地：金丝楠木

规格尺寸：直径 18 毫米

适宜人群：男士、女士

风格特点：简约、优雅

星语鉴赏

佩戴指数：★★★★★★★

抢眼程度：★★★★★★★★★

制作工艺：★★★★★★★★

把玩指数：★★★★★★★★

阴阳木手链

吉祥之宝——阴阳木手链

　　阴阳木不是指单一的某种木材或者树种，而是指一些有黑白相间的纹理的木材。相对而言，阴阳木的使用范围较为狭窄，一般只用来制作手链。

　　阴阳是木火土金水之德，宣威三界，统御万灵，斡旋气运，斟酌死生。木分阴阳，即木本为阳，草本为阴。黑白相间，喻指阴阳。所谓太极生两仪（即阴阳），两仪生四象，四象生八卦。宇宙万物皆属阴阳之列，所以阴阳是万物的总纲，阴阳木手链因此被看作是佛教中非常灵验的法物。

阴阳木手链的鉴别和选购

　　在选购阴阳木手链的时候，一般情况应先看手链材质属于哪一种木材，然后再通过相关的知识来鉴别相应木材的真伪。

　　在确定好木材的真伪之后，再来看阴阳木的"阴阳"是否分明；通常而言，越是阴阳分明的越好。

阴阳木手链的保养

　　一般情况下，阴阳木手链的材质多为紫檀木、花梨木。因此，相关的保养知识应该参考各自对应的木材手链保养知识。

阴阳木手链

基本信息

材料质地：阴阳木

规格尺寸：直径 25 毫米

适宜人群：男士

风格特点：简约、时尚、百搭

星语鉴赏

佩戴指数：★ ★ ★ ★ ★ ★ ★ ★ ★

抢眼程度：★ ★ ★ ★ ★ ★ ★ ★

制作工艺：★ ★ ★ ★ ★ ★ ★ ★

把玩指数：★ ★ ★ ★ ★ ★ ★

手链

第二章

雅致极品——树子手链

野狼狮子头手链

时尚文玩——核桃手链

核桃原名胡桃，又叫长寿果、万岁子或羌桃。除食用核桃外，还有一种可以把玩的核桃，被称为"手疗核桃""健身核桃"，又称"掌珠"。此种核桃既可供人观赏，又可收藏，还可以做核桃手链。在古代人们称其为"揉手核桃"，它起源于汉隋，流行于唐宋，盛行于明清。清末民初北京有民谣："核桃不离手，能活九十九，超过乾隆爷，阎王叫不走。"（乾隆活到 89 岁，是历史上寿命最长的皇帝。）

清朝末年时期，在京城中曾流传着"贝勒手上有三宝，扳指、核桃、笼中鸟"，还有"文人玩核桃，武人转铁球，富人揣葫芦，闲人去遛狗"等。

在玩核桃的过程中，人们利用核桃的尖刺、凸起和棱角，采取揉、搓、压、扎、捏、蹭、滚等技法运动双手，压扎掌上穴位，刺激手上反应区，达到舒筋活血、强身健体的效果。因核桃皮厚质坚，经过手的长期搓揉，汗的浸润，油脂的渗透，时间的打磨，最后成为一件亮里透红，红中透明，不是玛瑙胜似玛瑙的自然艺术精品。在玩核桃的人们心目中，核桃不仅是健身器材，也不仅是一件艺术品，而是集把玩、健身、观赏于一身的掌上明珠，可见人们对它的喜爱之情。

文玩核桃传承至今，几经盛衰，如今人民的生活水平不断提高，

野狼闷尖狮子头手链

盘山公子帽手链

对于健康越来越重视，集健身与鉴赏、收藏功能于一体的文玩核桃又时兴起来。

核桃的主要分类

核桃的产地和种类各异，大致分为麻核桃、楸子核桃、铁核桃3类。麻核桃中包括狮子头、虎头、罗汉头、鸡心、公子帽、官帽等。

核桃在我国种植范围极为广泛，而且文玩核桃的分类方法有很多，所谓仁者见仁智者见智，主要有以下几种：

（1）按生长条件分，有野生核桃和嫁接核桃两种。

（2）按生长地区分，有华北核桃、西北核桃、东北核桃、西南核桃4种。

（3）按品种分，有狮子头、虎头、鸡心、官帽、公子帽、灯笼、罗汉头、状元冠等。

南将石狮子头手链

野生狮子头手链

（4）按棱分，有两棱核桃、三棱核桃、四棱核桃等。

（5）按高矮分，有高桩核桃和矮桩核桃。

（6）按纹路分，有粗有细，有深有浅，有满天星核桃、水棱纹核桃、吉宝核桃、心形核桃。

（7）按尖分，有闷尖核桃和大尖核桃。

（8）按边分，有大边核桃、小边核桃、厚边核桃和薄边核桃等。

（9）按异形分，有连体核桃、鹰嘴核桃、佛肚核桃等。

（10）按年份分，有新核桃、老核桃。一般把玩 30 年以上的核桃就可以算是老核桃。

野狼闷尖狮子头手链

选购核桃的要素

挑选核桃讲究"质、形、色、个"：

"质"，好的核桃，质地细腻坚硬，碰撞起来新核桃声音瓷实，手感沉；老核桃揉起来如羊脂玉一般细润，碰撞如同金石发声。

"形"，主要是说文玩核桃的纹路以及配对，两个核桃越接近越珍贵；纹路的疏密、分布以及边的宽度和厚度，是衡量核桃把玩的重要因素。

"色"，主要是指文玩核桃在不同时期所呈现出来的不同颜色。一般情况下，年代久远的核桃所呈现出的是如红玉般透明的颜色。需要特别强调一下的是，现在市面上很大一部分核桃，其把玩的年代其实并不长久，需要细心鉴别。

"个"，顾名思义就是说核桃的个头大小。一般而言，品相较佳的核桃越大越值钱，但异形核桃最讲究的是成双。天下没有完全相同的两片树叶，当然也就没有两个完全一样的核桃。因此，在核桃的配对问题上，一定要有足够的耐心。也正因如此，一副配对好的异形核桃往往价格不菲。

核桃手链的鉴别和选购

核桃有四大名品：狮子头、鸡心、公子帽、官帽。除此外，虎头和灯笼也是非常受欢迎的品种。下面给大家介绍一下文玩核桃的选购技巧：

一、狮子头

肚子要饱满凸起，一侧至少呈半圆状，两肩要平直端方；底座要硕大厚实，呈长方或正圆形，平底或稍有内凹，气门呈细长的椭圆形；桩要矮，耳要宽，边要厚，尖部要小而钝，或无尖，要正圆侧方；纹路要从顶部发散而收于底部，竖状条形，要条条分明；皮质密度很大。

野生闷尖狮子头手链

二、鸡心

肚子圆润饱满，耳窄边厚，整体呈卵形，高桩，平底，气门细长，纹路同狮子头，皮质密度很大。

三、公子帽

肚子饱满圆润，耳要宽，边要厚，两肩呈等腰三角形，矮桩居多，底要抠，气门呈菱形，纹路同狮子头，皮质密度很大。

四、官帽

肚子圆润饱满，耳略比公子帽窄，边要厚，两肩呈等腰三角形，高矮桩皆有，平底，气门呈菱形，纹路同狮子头，皮质密度很大。

文玩核桃鉴赏的重点：

（1）外观完整，色泽老红，手摇有沙沙响声，带有名家雕刻就更是珍品。

（2）能直立放置，配对的核桃外形、纹理、色泽、重量越接近越好，色泽越红润越好，体积越大越好。

昌平野生狮子头手链

（3）真品核桃的红色是从核桃内部反出来的，颜色很自然，赝品文玩核桃多半用酱油、红茶、色素染成。

（4）成对的核桃不能相碰出声，平常放置时要注意防虫、防潮、防摔。

核桃手链的保养

文玩核桃的保养有"三分搓揉，七分养"的说法。概括而言，文玩核桃的保养分为 4 个阶段：

一、清洗阶段

将新核桃放于清水中，浸泡 3 小时，取出后用硬毛刷清理褶皱里的残留物。如果残留物附着力强，可用 1 : 200 的 84 消毒液浸泡 1.5 小时，之后再用毛刷清理。核桃褶皱深处的残留物，可借助放大镜用剔针剔除。

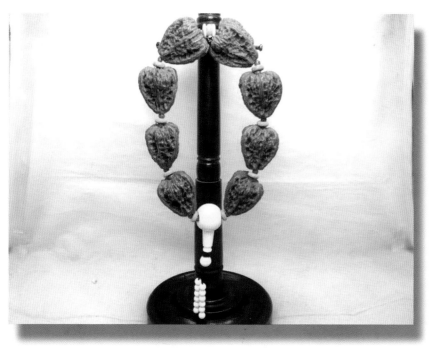

南将石佛肚罗汉手链

易县野生狮子头手链

二、灭虫阶段

对于新核桃，灭虫是必不可少的一步程序。秋天的时候，各种虫卵以及有害生物都会附着在核桃上。如果不及时杀虫，条件成熟时虫卵变成虫，不仅会吃光核桃仁，还会钻透坚硬的壳。因此，文玩核桃一定要杀虫。杀虫的时候，可将核桃放在能够封闭的容器当中，然后选用杀虫剂喷洒，而后将容器密封 1 小时即可。此外，还可将买回来的文玩核桃放到冰箱的冷冻室里 2~3 小时，这样也能够起到杀虫的作用。

三、浸润阶段

新核桃经过清洗、杀虫并晒干后，应该涂上核桃油，置于避光处，两天后再涂抹一次，等第二次涂抹的油被吸收后，就可以拿在手上把玩了。

昌平野生狮子头异形鹰嘴手链

四、护理阶段

在把玩的过程中，应该时刻注意核桃的变化，随时用毛刷、剔针清理核桃上的杂物。如果外出不携带核桃，可涂少量的核桃油，然后用塑料袋封存。

拓展延伸

核桃的油脂含量高达 65% ~ 70%，居所有木本油料之首，有"树上油库"的美誉。利用现代工艺提取其精华，这就是新一代核桃产品——核桃油。

麦穗虎头手链

基本信息

材料质地：核桃

规格尺寸：直径 32 毫米

适宜人群：男士

风格特点：百搭、大方、休闲

星语鉴赏

佩戴指数：★★★★★★★

抢眼程度：★★★★★★★★

制作工艺：★★★★★★★

把玩指数：★★★★★★★★

白狮子头手链

基本信息

材料质地：核桃

规格尺寸：直径 39 毫米

适宜人群：男士

风格特点：简约、休闲、优雅

星语鉴赏

佩戴指数：★★★★★★★

抢眼程度：★★★★★★★★

制作工艺：★★★★★★★★

把玩指数：★★★★★★★★

橄榄核作品

精巧绝伦——橄榄核手链

橄榄核是橄榄科植物橄榄的果核，呈梭形，两头钝尖，红棕色，上有 6 条棱线，质坚硬，不易碎；剖开内有 3 室，其中各有种子 1 粒。种子细长梭形，种皮棕红色，内为白色种仁，油性足，无臭。 橄榄的主要产地为福建，此外还有广东、广西等地。

橄榄核的种类

按照核的形状和大小来分，橄榄核一般有如下几种：

（1）单核：又称大核，一般直径超过 2.5 厘米，比较适合雕刻单件作品，因此价值很高。

（2）小核：通常只有 1 厘米的直径甚至更小，市面上比较少见，所以价格一般也很高。

罗汉头橄榄核手链

（3）怪核：形状比较
奇特的核，比如佛手核或
多棱核，不用加工，本身
就是一件很独特的艺术品。
这样的核同样很少见，价
格不菲。

（4）细长核：核体狭
长，因此多用来雕刻核舟
题材的作品。

"财源滚滚" 橄榄核手链

"万事如意"橄榄核手链

（5）圆核：长2.5～2.8厘米，直径1.8～2.2厘米的圆核，外形比较圆，很适合做罗汉头。

（6）普通三花核：这种核比较常见，因此在核雕中也用得最多，也可用来制作珠串。

橄榄核手链的鉴别和选购

（1）购买橄榄核手链的时候，尽量选择单个核颜色一致、大小均匀的。注意雕工是否精湛，人物形态是否栩栩如生，对于一些表面开裂、刻痕明显的则一律不选。

（2）尽量购买老核。橄榄核雕手链的老核和新核的区别在于，核搁置的时间不同。新核搁置的时间短，因此水分并没有完全蒸发掉，所以在把玩的过程中很容易开裂；而老核则不会。

（3）挑选手链的时候，尽量挑选手工雕刻的，不要购买机器雕刻的。手雕与机雕很容易区分，主要体现在一些细节上面，例如人物的形态和纹路。手工雕刻的橄榄核，在人物形象的神情方面显得更加细致，机雕在细节上则无法达到同样的效果。

"开心弥勒"橄榄核手链

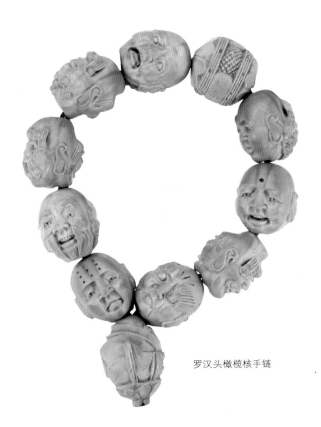

罗汉头橄榄核手链

橄榄核手链的保养

刚刚佩戴和把玩橄榄手链的时候，最好选择上油。橄榄核上的油，类似一层保护膜，在有保护膜的前提下把玩，会减小开裂的概率。

对于新核，每次上油之后把玩的时间不宜过长，一般情况下，10分钟即可，尤其是北方冬天的室内，把玩之后应放入密封袋保存。

把玩的时候应该注意周围环境，如冬天要远离暖气，甚至连汽车空调的暖风也要避开。

在日常把玩橄榄核手链的过程中，一定要注意防晒和防风吹，尤其是北方冬末春初时候的暖风，如果把没有把玩过的新核放在这种环境当中，橄榄核很可能在不知不觉当中就开裂了。

此外，橄榄核手链也要注意防水，因为水分会使橄榄核霉变。如果不小心让水分渗进去，可把手链放在一个塑料袋当中，打一个松结，让水分慢慢蒸发。

"笑口常开"橄榄核手链

"和气生财"橄榄核手链

"玄阴四象"橄榄核手链

莲花托橄榄核手链

拓展延伸

橄榄核为什么会花?

油分的不均是橄榄核花的直接原因,分为两方面。其一,是由于表面上油不均,或者上油过多,引起油性成分局部沉积,渗入到橄榄核表面以里,使局部颜色变深,俗称花点;其二,是橄榄核内部核仁的油性成分外渗使局部颜色变深,俗称阴皮。

精雕罗汉橄榄核手链

基本信息

材料质地：橄榄核

规格尺寸：直径 25 毫米

适宜人群：男士

风格特点：简约、时尚

星语鉴赏

佩戴指数：★★★★★★★★

抢眼程度：★★★★★★

制作工艺：★★★★★★

把玩指数：★★★★★

"麻将把把胡" 橄榄核手链

基本信息

材料质地：橄榄核

规格尺寸：直径 26 毫米

适宜人群：男士

风格特点：简约、大方、优雅

星语鉴赏

佩戴指数：★★★★★★★

抢眼程度：★★★★★★

制作工艺：★★★★★★★★

把玩指数：★★★★★★★

超凡脱俗——菩提手链

菩提是梵语 bodhi 音译，是觉悟、智慧、知识、道路的意思，广义讲是断绝世间烦恼而成就涅槃的智慧。菩提与佛教的渊源是很深的。因佛祖释迦牟尼在菩提树下证道，菩提即为觉悟、成就佛果之意，因此佛教便视菩提树为圣树，菩提与佛祖也就有了割舍不断的联系。据佛经记载，用菩提子念佛，可获无量功德，因此，菩提子被赋予了更多的灵性，成为最广泛使用的法器之一。

菩提的分类

以菩提来命名的手链质料大约有 30 多个品种。这其中有依产地来命名的，如天台菩提、天竺菩提等；有依纹理来命名的，如星月菩提、凤眼菩提等。市面上常见的有金刚菩提、星月菩提、莲花菩提、凤眼菩提等。

金刚菩提手链

金刚菩提手链

金刚菩提手链

金刚树是一种大型常绿阔叶树木，它主要生长在热带以及亚热带海拔超过 2000 米的高原地区。其产地范围从马尼拉到缅甸，一直到孟加拉、不丹、尼泊尔等。现在，由于尼泊尔东部地区气候非常适宜金刚树生长，因此大部分金刚树主要是生长在这个地区。

金刚树的叶子呈绿色，主干为圆柱形，呈圆形节，树皮白色。金刚菩提子是金刚树的果实，可造佛珠手链。

金刚菩提瓣数的含义

金刚菩提按其瓣数而拥有不同的神秘含义。

金刚菩提手链

一瓣——带走罪恶，增添财富，满足渴望，带你远离危险。

二瓣——保佑孩子，减轻压力。

三瓣——有益于教育，让你思维保持清晰，带给你知识和好的想法。

四瓣——保证你不受疾病的困扰，帮你避开天灾。越大的四瓣越好。

五瓣——保佑健康长寿，带来内心真正的宁静。

六瓣金刚菩提手链

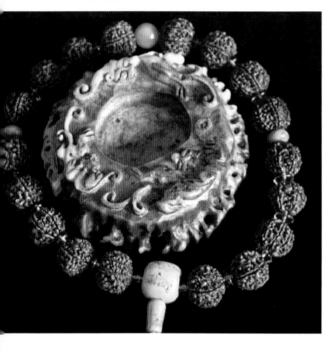

六瓣——对生意上有很重要的帮助，增加钱财。

七瓣——带给你成功，增加你的金钱和声望，保佑你立足于不败之地。

八瓣——控制你的脾气，带给家庭平和的气息，给予你力量。

九瓣——给你自信，增加财富和知识。

十瓣——给你名声，使你得到社会的尊重。

十一瓣——解除痛苦和忧伤，带来快乐。

十二瓣——减少身体上和精神上的压力和意外。

十三瓣——帮助减少罪恶，使你变得有力量。

十四瓣——帮助你实现愿望，带来快乐，保证你不受任何灾难的侵袭。

十五瓣——代表丈夫长寿，提供内心的平静。

十六瓣——给予你成功，让你生意兴隆。

十七瓣——对患有高血压、心脏病的人有益。

十八瓣——带走罪恶，增添财富，满足渴望。

十九瓣——所有瓣数的金刚菩提中最神奇有效的种类之一。

二十瓣——可以制造许多神奇特效。

二十一瓣——被认为是宇宙的制造者，传说具有神效，世界上很难找到。

二十二瓣及以上——极其稀有，传说只在三大劫（过去庄严劫，现在贤劫，未来星宿劫）中一共出现108枚。其珍稀程度可想而知，其修行功效更是无与伦比。

金刚菩提手链的保养

把玩金刚菩提手链的人，应该懂得怎样来清理金刚菩提。

将金刚菩提倒进温水当中，泡15~30分钟，用钢丝刷刷干净，有些藏于细微之处的杂物，可以用锥子一点点剔出来。清理完毕后，用布擦干，再放到阴凉处晾干。晾干后，应该在金刚菩提上打一层薄薄的橄榄油。

金刚菩提手链最主要的用途是拿在手中把玩，因此需要格外注意保养。在遇到天气较干燥或者风大时，应该每隔一星期就给金刚菩提上一层橄榄油。但是，切忌刷完橄榄油后风干。

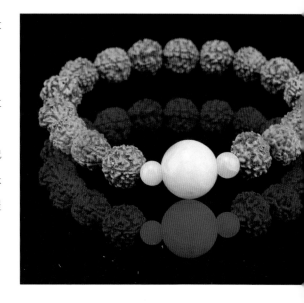

金刚菩提手链

金刚菩提手链

6 毫米 108 颗星月菩提手链

星月菩提手链

星月菩提是菩提树之子，每粒珠上都有一个大点和许多小点，如众星捧月，故名星月菩提。星月菩提手链不但有成就菩提的深刻含义，还有辟邪的作用。

星月菩提手链的特点

星月菩提手链日久可以逐渐变黄、变红，而后转黑，表面出现丰富的裂纹，犹如瓷器釉层中美丽的裂纹开片，而手链表面会变为血珀般的半透明状，润泽奇绝，为星月菩提所独有。

星月菩提手链的辨别

首先，有的朋友会将星月菩提手链单颗珠子放在火上烧一下，这样一来，一些塑料制品就无所遁形了，而真正的星月菩提是不会有很大损伤的。如果舍不得烧，也可以用烧红的钢针刺一下来代替。

其次，星月菩提是灰白色的，表面会有天然花纹。由于其为天然形成，所以大小不等，如果购买的珠子白色无痕，大小均等，那就要多加小心了。

最后，最好选择去质量有保证的专卖店，那里的每件商品都有质量鉴定书以及相关部门的保障，值得信赖。

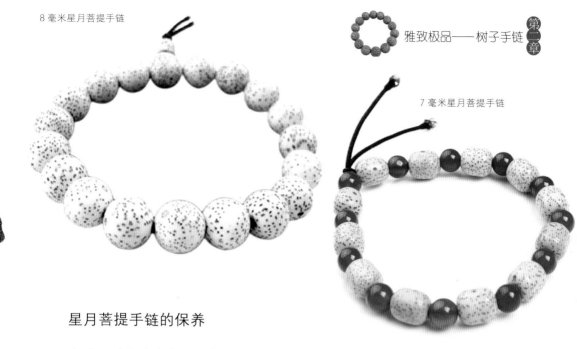

8毫米星月菩提手链

7毫米星月菩提手链

星月菩提手链的保养

（1）无论是在南方还是在北方，夏天是最宜佩戴星月菩提手链的季节，一定不要错过。星月菩提喜油脂，所以，如果你是油性皮肤，那么就恭喜你了。

（2）平时不带的时候，最好将手链置于密封的小袋之中，以免因风干而开裂。

（3）人的手心会分泌汗液和脂肪类物质，经常盘摸可以使星月菩提手链表面颜色均衡地变成深红色，行内人称之为"包浆"。此后，手链就会越玩越有光泽，并逐渐呈现出半透明状，给人一种玲珑剔透的感觉。

（4）如果手链脏了，可以找一把柔软的小刷子，蘸着橄榄油轻轻地刷，但油量切不可多。油量过多，积在深凹处的油不擦掉，日后就会形成一个个深褐色的"花点"，使手串变得难看。

拓展延伸

星月菩提为天然树子，新珠不宜与水接触，等用一段时间后，质地变得更加坚硬，方可碰水。此外，建议不要将星月菩提浸于水中，佛教灵性之物，拒绝进入浴室，而且浸水会导致脱皮、褪色、开裂等严重后果，一般而言，星月菩提都会有这种现象。

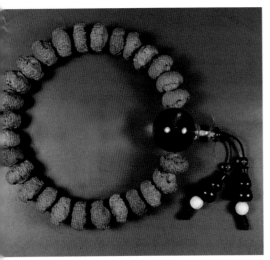

莲花菩提手链

108颗莲花菩提手链

莲花菩提手链

莲花菩提原产印度，是一种大叶蕨类植物的种子，因形如莲花而得名，又因其稀有难得，而成为菩提类佛珠中价格最高的品类之一。莲花出淤泥而不染，是成就果位的象征。莲花菩提随身，可使人心安气定，常保清净。

市场上常见的莲花菩提，一般有磨盘形、宝塔形和蘑菇形等品种。莲花菩提呈圆锥形，质地坚硬，由于珠体表面通常有若干不规则的棘状凸起，摸起来会感到略微的刺手，其密度和颜色与山核桃有些相似，人们通常会挑选颗粒饱满、个头大和莲花全、品相好的莲花菩提穿成手链。经长期把玩，莲花菩提表面会形成一层温润透亮的红褐色包浆，犹如玛瑙，非常漂亮。

莲花菩提手链的保养

莲花菩提手链怕受潮，这点跟檀木手链是一样的，不要让莲花菩提手链沾水，尤其不可以浸水，受潮后轻则发霉，有异味，重则开裂或破裂。一旦沾水，要立刻擦干，然后晾干。这也是莲花菩提手链保养最重要的一点。

经常盘珠子才能构成包浆，这才是对莲花菩提手链最好的保养。盘的时候注意手要干净，勿沾水，盘珠时最好别上油，穿的绳尽量松些，那样可以把莲花菩提全部摩挲到。盘好后，整个莲花菩提呈深褐色。

拓展延伸

莲花又称荷花，是佛教经典和佛教艺术经常提到和见到的象征物。莲花与佛教有着不解之缘，因为莲花与释迦牟尼的许多传说联系在一起。据说，释迦牟尼本是天上的菩萨，下凡降生到迦毗罗卫国净饭王处。净饭王的王妃摩耶夫人长得像天仙一样美丽，性情温和贤淑，与国王情深似海。摩耶夫人回忆，新婚之夜她朦胧中看到远处有一个人骑着一头白象向她走来，并且逐渐变小，从她的右肋处钻入她的腹中。她心中模模糊糊地预感到菩萨化作一头白象入胎。日后，怀有身孕的摩耶夫人脸上微微泛着红晕，那色彩鲜艳的绿色领口花边像一片莲叶，她的脸儿像一朵绽开的莲花。后来，摩耶夫人在娑罗树下生下佛祖时，百鸟群集歌唱，天乐鸣空相和，四季里的花木都一同盛开，尤其是沼泽内突然开放出一朵大得像车盖一样的莲花。佛祖一出世，便站在莲花上，一手指天，一手指地，并说："天上天下，唯我独尊"。这天正是四月八日，以后就成了佛教的"浴佛节"。释迦牟尼觉悟成道后，起座向北，绕树而行，当时就是一步一莲花，共十八莲花。现今，莲花在佛教被尊为"圣物"。佛教的莲花甚至成为东方文化的象征，宁静、愉悦、超脱。莲花所蕴含的清净的功德与清凉的智慧，永远为佛门弟子所崇仰，为世间善众所喜爱。

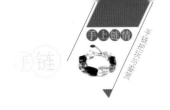

凤眼菩提手链

9 毫米凤眼菩提手链

凤眼菩提手链

　　凤眼菩提因其芽孔形似凤眼而得名。凤眼菩提有着古朴精致的黄褐色，每一颗上面都有一只美丽优雅的眼睛，让每一个烦恼都化成智慧的清气，并且带来更深的思考与觉悟。

凤眼菩提手链的选购

　　（1）看大小。一般而言，凤眼菩提佛珠越小，品质越高。

　　（2）看凤眼。每一颗佛珠上面都有一只凤眼，其凤眼越优雅美丽，品质越高。

　　（3）看色泽。凤眼菩提佛珠的品质与颜色成正比。常见的有两种颜色：一种颜色淡黄，长期持用，色泽会由浅变深；另一种颜色偏金黄色，色泽圆润，有清香味。

　　（4）看打磨。凤眼菩提佛珠表面的斑纹越自然，颜色越深，品质越高。

金线菩提手链

其他菩提手链

金线菩提

金线菩提十分稀有，质地坚硬，呈白色，里边有一条条红色线纹，故命名为金线菩提。由于这种菩提十分稀少，所以十分珍贵，拥有极高的鉴赏和收藏价值。佛教认为，持用金线菩提有助于修身养性，增加功德。

金线菩提的珠体，有的大，有的小；纹线，有的粗犷，有的细腻，有的呈网状，有的则呈枝杈形；形状，有的瘦长，有的扁圆。

天意菩提手链

天意菩提

天意菩提就是蟠桃的果实，有红、黄、紫红等颜色，形状扁圆，表面有许多凹凸不规则的纹理和隆起的曲脊，不需要任何的加工就已经很别致了。

天竺菩提

天竺菩提原产于印度，是菩提中的上品，"天竺"就是印度的古称。在中国浙江杭州灵隐山之南有山名天竺山。该山中生长的菩提即为天竺菩提，大小不一，呈椭圆型，外表有不规则斑裂纹；每颗均有不同的花纹，色泽淡黄，硬度高，捻后有光泽。

天竺菩提有典雅深邃的韵味和魅力，佩戴时间越长越有灵气，长期佩戴可转运，赶走邪气，保合家平安。

天竺菩提手链

手链

第三章
璀璨夺目——珠宝、玉石手链

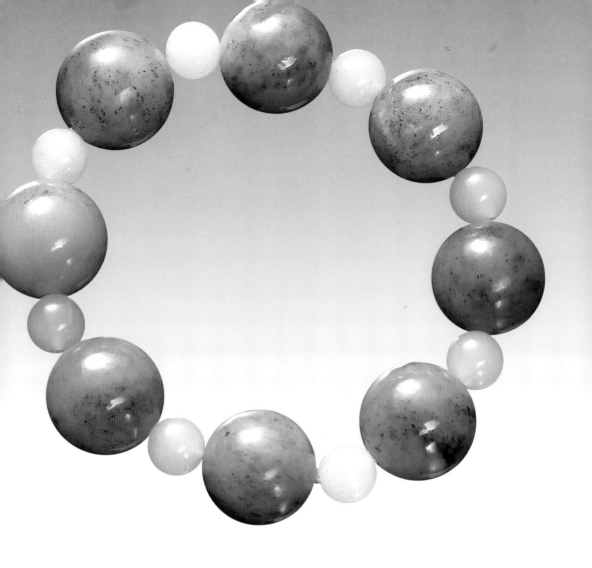

硬玉之王——翡翠手链

翡翠，也称翡翠玉、翠玉、硬玉、缅甸玉，是玉的一种，颜色呈翠绿色（称之翠）或红色（称之翡）。古人认为翡翠本是天上的石头，可以带来好运，象征纯洁、太阳、公正、勇气、和谐以及纯洁的精神，同时也暗指男女之情。据《缅甸史》记载，翡翠矿产的发现在 1215 年，勐拱人珊尤帕

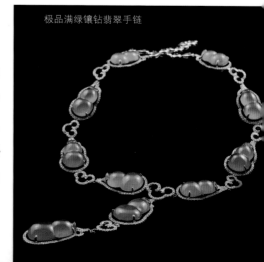

极品满绿镶钻翡翠手链

受封为土司。相传他在渡勐拱河时，无意间发现河畔有一块形状像鼓的玉石，他认为这是个好兆头，于是决定在附近修筑城池，并起名为勐拱，意为"鼓城"。这块玉石就作为珍宝传给历代土司。后来，人们就是在这个地方开采翡翠的。

翡翠是由很多晶体组成的。晶体的形状有大有小，有粗有细，通常紧密结合，晶体间没有间隙，光线可以无阻碍地通过，类似玻璃。粗大的晶体，颗粒如豆，结合松散，间隙空间大，光线不易穿透，翡翠里面形成局部的不透光，像团团、片片的棉；有的可以看到闪亮的透明或半透明晶体，晶片如苍蝇的翅膀。

翡翠的主要产地是缅甸，占世界产量的80%以上。虽说日本、哈萨克斯坦、乌拉尔、美国、危地马拉、墨西哥、瑞士、苏格兰等国家和地区也产翡翠，但其质地、颜色、硬度、透明度都无法与缅甸产的翡翠相比，从使用价值的角度看，它们的价值很低，因此不被世人认可。甚至可以说，只有缅甸产的翡翠才能称得上是真正的翡翠。

翡翠手链

翡翠的种

一、老坑种翡翠

老坑种翡翠具玻璃光泽，质地细腻，纯净无瑕疵，颜色纯正、明亮。老坑种翡翠在光的照射下呈半透明至透明状。

二、冰种翡翠

冰种翡翠的特征是外层表面上光泽很好，半透明至透明，清亮似冰，给人以冰清玉莹的感觉。无色冰种翡翠和"蓝花冰"翡翠价值没有明显的高低之分，其实际价格主要取决于人们的喜好。

三、水种翡翠

水种翡翠玉质结构略粗于老坑玻璃种，光泽、透明度也略低于老坑玻璃种，大致与冰种相似或相当。

四、糯化种翡翠

糯化种翡翠的主要特点是透明度较冰种略低，给人的感觉就像是浑浊的糯米汤一样，属半透明范畴，表面有较柔和的玻璃光泽，质地温润。

冰种翡翠手链

水种翡翠手链

紫罗兰翡翠手链

花青翡翠手链

糯化种翡翠手链

糯化种又可细分为糯冰种和糯米种。糯冰种指比冰种略浑浊的种，就像杂质略多的冰一样，也有一些人将其归类为冰种；糯米种的透明度更低一些，而且在翡翠内部常会分布大量细小的杂质成分，给人的感觉不够纯净。糯化种翡翠大多用于制作手镯或小的挂件和牌片。市场上常见的糯化种有有色糯化、飘蓝糯化、飘绿糯化等。

五、金丝种翡翠

金丝种翡翠绿色较鲜艳，沿一定方向间断出现，一丝丝平行排列，丝可细分为顺丝（丝定向，平行）、乱丝（丝杂乱）、片丝（丝片平行）、黑丝（翠绿中有黑色纹伴生）。金丝种又可细分为玻璃地金丝、冰地金丝、芙蓉地金丝、豆地金丝等，地子从透明到半透明。此种翡翠质地细润，裂绺棉纹较少，结晶呈微细柱状纤维（变晶）集合体，肉眼尚能辨认晶体轮廓，敲击玉体音呈金属脆声。

六、芙蓉种翡翠

芙蓉种翡翠简称芙蓉种，其底色一般为绿色，不含黄色调，绿得较为清澈、纯正，有时其底子略带粉红色。

七、紫罗兰种翡翠

紫罗兰种翡翠是一种颜色像紫罗兰花的紫色翡翠，又被称为"椿"或"春色"。

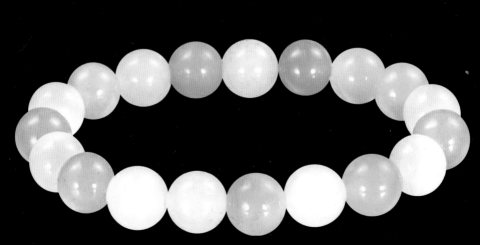

芙蓉种翡翠手链

八、白底青种翡翠

白底青种翡翠的特点是底白如雪，绿色在白色的底子上显得很鲜艳，白绿分明。该品种的主要特点是，绿色在白底上呈斑状分布，透明度差，为不透明或微透明状态；玉件具纤维和细粒镶嵌结构，但以细粒结构为主。

九、花青种翡翠

花青种翡翠质地有粗有细，半透明，底色为浅绿色或其他颜色。花青种翡翠的特点是绿色不均，有的较密集，有的较为疏落，色也有深有浅。

翡翠手链

软玉手链

油青种翡翠手链

十、油青种翡翠

一般把翡翠绿色较暗的品种称为油青种。该种翡翠的颜色不是纯的绿色，带灰色调或蓝色调，因此较为沉闷，不够鲜艳；透明度较好，结构是纤维状，比较细腻，油脂光泽，故称油青种。颜色较深的，也可称为瓜皮油青。油青种翡翠从表面看起来有油亮感，是市场中随处可见的中低档翡翠，常用于制作挂件、手镯等。

十一、豆种翡翠

翡翠中最为常见的是豆种，所以行内有"十青九豆"之说。豆种的特征一目了然，多呈绿色或青色，质地粗疏，透明度有如雾里看花，绿者为豆绿，青者为豆青。豆种翡翠往往用来做中档手镯、佩饰、雕件等，几乎涵盖了所有翡翠成品的类型。

其实豆种翡翠本身也是一个庞大的家族，简单的分类就有豆青种、冰豆种、糖豆种、田豆种、油豆种和彩豆种等近十种之多。

十二、马牙种翡翠

马牙是指婴儿黄色的、米粒样的细牙。马牙种的翡翠矿物结晶颗粒较粗，肉眼下能辨认晶体轮廓，敲击原料的声音呈石声；质地虽较细，但不透明，行话称水分不够或水头短，好像瓷器一样；以白色至灰白为底，大部分为绿色，色调简单，可混有浅绿、褐等颜色，粗看上去不错，但仔细观察能看到绿色当中有很细的一丝丝的白条，有时可见团块状的白棉。马牙种翡翠常做成各种小型的摆件或把玩件等，主要是利用其上各种色调的绿色进行创意，然后加以俏雕，一般不值得精雕细刻。

翡翠的色

在自然界所有的天然玉石中，翡翠的颜色是最为丰富多彩的，颜色可分为红色、橙色、黄色、绿色、紫色、蓝色、青色、白色、黑色、无色和组合色。这些颜色中以绿色翡翠的价值最高。

一、绿色

绿色在翡翠的各种颜色中具有最重要的价值，习惯上只有绿色的翡翠才被称为"翠"。

翡翠超细圆珠手链

翡翠的绿多种多样，被翡翠界称为正绿色的有5种：

（1）艳绿。不带黄色调或其他色调的深的正绿色，俗称高绿或帝王绿，具有这种颜色的翡翠在市场中的价值最高。给人的感觉是高贵、庄重、大方。

（2）苹果绿。用肉眼观察不出黄色来，但其绿色实际上含有少许黄色调，并向黄色调稍有偏离。给人的感觉是旺盛，充满活力。

（3）秧苗绿。用肉眼可以观察出绿中有少量的黄色，犹如春季秧苗返青时的嫩绿。给人的感觉是鲜活，富有朝气。

（4）翠绿。明亮的深绿色略带黄色调，给人的感觉是赏心悦目，欣欣向荣。

（5）俏绿。中等深度的正绿色，给人的感觉是高雅、美丽。

阳俏绿翡翠编织手链

按绿色的浓艳程度分为：

（1）艳绿。透明到半透明，绿色纯正，均匀，鲜艳，属名贵品种。

（2）阳俏绿。绿色鲜艳明快，娇嫩纯正。

（3）浅阳绿。微透明到半透明，绿色浅淡鲜明，纯正。

（4）浅水绿。绿色淡而均匀，透明度较好。

二、红色

红色翡翠可分成翡红与红翡两类。其中，红翡是以褐色为主，带有红色的翡翠，较为常见；翡红则是以红色为主，带有褐色的品种，价值更高。

红翡产于缅甸的老场区和达马坎场区，因受铁元素浸染而致红色。

红翡可以分为亮红、暗红、褐红3种类型，其中亮红也被称为"鸡冠红"，是红翡中的上品；暗红多分布于原石接近边缘的部分；褐红则是产于原石边缘，因风化而形成。红色在翡翠的多晶体集合体中，多沿硬玉晶粒间、解理纹中呈网状密集浸染分布。红翡一般透明度较差，水头不足，而且质地较粗，粒度较大，是一种低档翡翠；那些颜色鲜红、透光度较好、质地水润的天然红翡很稀少，具有极高价值。

天然翡翠三色圆珠手链

6毫米紫色翡翠手链

三、紫色

紫色在翡翠饰品及工艺品雕件中出现频率较高，质地大多较粗糙。很多紫色翡翠有大量的棉絮状白色包体，散乱无规律地分布在紫色翡翠上面，就好像白色的面粉一样，所以行内称此现象为"吃粉"。

紫色浓艳高雅，浅紫清淡秀美，红紫庄重富丽，独具特色。市场上常见的紫色翡翠根据色彩及饱和度可以分成5种：皇家紫、红紫、蓝紫、紫罗兰、粉紫。

（1）皇家紫。指一种浓艳纯正的紫色，饱和度一般较高，亮度中等。这种颜色的翡翠在紫色翡翠中百里难寻一，具有很高的收藏价值。一只满色皇家紫的手镯，市场价可达到百万元人民币以上，而饱满的大蛋面也可轻松达到数十万元人民币。

（2）红紫。一种偏向翡红色调的紫色，它的颜色饱和度通常为中等，少见很高饱和度的类型。这种颜色的翡翠在紫色翡翠中也不算常见，其价值认同度很高。

（3）蓝紫。一种偏向蓝色的紫色，饱和度变化较大，从浅蓝紫到深蓝紫都有。这种颜色的翡翠较为常见，行话称"茄紫"。当饱和度偏高时，颜色常有灰蓝色的感觉，亮度一般较其他类型低。

（4）紫罗兰。翡翠中最常见的一种，紫色从中等深度到浅色，这种紫色有时也会和绿色一起出现，形成所谓"春带彩"——紫罗兰种翡翠的标准颜色。

（5）粉紫。一种较浅的紫色，可以有偏红或偏蓝的感觉，但达不到红紫或蓝紫的水平，虽然其紫色仍然比较明显，但饱和度比较低。它常常出现在一些水头较好、质地细腻的翡翠中，商业价值在所有的紫色翡翠中最低。

四、橙色

橙色翡翠的质地一般，透明度中等，颜色并不是很鲜艳，因此判断橙色翡翠应依据内部颜色而不是皮壳颜色。橙色通常位于红翡与黄翡的过渡带上，按深浅程度可描述为深橙色、橙色、浅橙色。

在显微镜下，橙色在翡翠的多晶集合体中多沿矿物晶粒间隙呈网状密集浸染分布。其鲜艳程度与水头、质地密切相关，水头越足、质地越细，则色泽越艳丽。

17毫米紫色翡翠手链

黄色翡翠手链

五、黄色

黄色翡翠多出现在皮壳层下部或表层，黄色为次生浸染而成，多呈花斑状、网脉状分布，可分为黄翡和翡黄两类。黄翡是以翡色为主（褐红）、带有黄色色调的翡翠；翡黄则是以黄色色调为主、带有褐色色调的翡翠，最黄的可呈栗子黄、鸡油黄和柠檬黄。

黄色翡翠质地一般比较疏松，透明度也不会很高。最优质的黄翡往往形成于翡翠水石的外皮，厚度较低。按颜色深浅程度可描述为浅黄色、深黄色、橙黄色和金黄色。

六、蓝色

蓝色翡翠在饰品及工艺品雕件中出现概率极低，行业内称其为"怪桩"。天然翡翠没有纯正的蓝色，这里所说的蓝色色调往往偏绿或偏紫，而且明度较弱，常偏灰。蓝色翡翠的价值并不高，但由于人们猎奇的心理，也常被收藏者收藏。

七、青色

青色的翡翠，颜色比较黯淡，一般情况下不作为翡翠真正的颜色出现。青色主要以翡翠的底色出现，虽然不鲜艳，却能营造出一种氛围，行话所说的"江水绿"即指此色。

青色类在翡翠饰品及工艺品雕件中出现的概率很高，常见的有油青色、青色、浅青色等。

八、黑色

黑色翡翠，是指翡翠的颜色为纯黑色，并不等同于常说的墨翠，这种黑色无论是在自然光下，还是在强光的照射下，颜色都为黑色。特别是对于一些水头较好的黑色翡翠来说，在强光的照射下，还带有紫色色调。

翡翠中的黑色以多种多样的形式存在，类型基本可分为黑星、黑丝和黑带子3种。

单独存在或者黑点之间距离较大者，一般叫"黑点"或"黑钉"，稍大一点的叫"苍蝇屎"，有闪光的叫"黑星"；一种如丝似线的黑色在翡翠中叫"黑丝"，有的是单独而短小的"黑丝"，还有或宽或窄的小丝片，也有集中在一起的；黑色呈带状或脉状出现在翡翠中叫"黑带子"，或"带子黑"。"黑带子"聚集在一起呈不规则块状时叫"黑疙瘩"。

油青色12毫米翡翠手链

九、灰色、白色

灰色、白色在翡翠原料中占有很大比例，大量的中低档翡翠都是灰色、白色的。在翡翠饰品及工艺品雕件中往往需要其他色调。灰色、白色类翡翠形成一系列过渡色，其中白色可分为瓷白、乳白、雪白、羊脂白，还有灰白、浅灰白等。白色翡翠若透明度高、质地细腻，仍属翡翠上品。

有一种罕见的乳白色翡翠，质地细腻，半透明，其乳白的颜色主要是来自其内部大量细小的白色棉絮状包裹体，按宝石学理论，属于经典的假色。

十、多色翡翠

翡翠颜色的丰富是其他宝石、玉石所不能比拟的，不仅在于翡翠颜色包涵了所有的光谱色，更因为在同一块翡翠上可以有不同的颜色，各种颜色相互映衬，构成了一幅色彩斑斓的宝玉图画。

白色翡翠手链

常见的多色翡翠系列根据其颜色组合大致有以下5种：

颜色	别称	价值
红色 + 绿色	翡翠	高
紫色 + 绿色	春带彩	较高
红色 + 绿色 + 紫色	福禄寿	很高
红色 + 绿色 + 紫色 + 白色	福禄寿喜	非常高
红色 + 绿色 + 紫色 + 黄色 + 白色	五福临门	极高

翡翠与相似玉石的区别

在珠宝中与翡翠相似的宝石非常多，比较典型的有石英质玉、软玉、蛇纹石玉、独山玉、石榴子石玉、长石质玉、碳酸盐质玉。另外，玻璃虽不属于宝石，但与翡翠也有一些相似之处。

但是，可用于仿制翡翠的玉石与翡翠的物理性质和镜下特征存在明显差别，鉴定起来相对比较容易。

一、软玉与翡翠的区别

软玉是由角闪石族矿物组成的特殊集合体。软玉颜色比较均匀，有白色、暗绿色、黑绿色等，但无鲜绿色。它呈油脂光泽，无翠性，折射率亦比翡翠略低。

二、独山玉与翡翠的区别

河南独山玉又称为"南阳玉"，绿色独山玉不够鲜艳，在同一件玉器上，可有白、绿、黑绿和黄褐色等多种颜色并存。大多数独山玉透明度较差，韧性也差，性脆。翠绿色的独山玉粗看像翡翠，如果细察，翠绿独山玉具有粒状结构或溶蚀交代结构，常带有黑点。在滤色镜下变红，是翠绿色独山玉区别于翡翠的明显特征。

三、水沫子与翡翠的区别

在云南昆明、瑞丽、腾冲等地和内地一些大城市的珠宝市场上，

出现一种水头很好，呈透明或半透明状态的"冰种"玉石，颜色总体为白色或灰白色，具有较少的白斑和色带，分布不均匀，这种玉在云南当地称为"水沫子"。这种玉石常被加工成手镯、吊坠和雕件，用放大镜观察可见水沫子不显翠性，并有较多白色的"石脑"或"绵"。用手掂之，与翡翠相比具明显的轻飘感。

四、澳洲玉与翡翠的区别

澳洲玉（绿玉髓），又称南洋玉，由于颜色翠绿，颇得人们喜爱。它有一定的透明度，颗粒细，价格低廉。绿玉髓颜色鲜艳均一，有苹果绿、蓝绿等色，其抛光表面无橘皮效应现象，看起来很像塑料，用放大镜观察，看不到翠性。

五、东陵玉与翡翠的区别

东陵玉亦称印度玉，借助透视光，可见东陵玉内有平行排列的绿色铬云母片，侧视常形成一条"绿线"。在查尔斯滤色镜下观察，绿色铬云母呈现红色。东陵玉比翡翠的比重小得多，用手便可掂量出来。

六、马来西亚玉与翡翠的区别

马来西亚玉（简称马来玉）是一种染色的石英质多晶质玉石。严格地讲，"马来西亚玉"这一名称不允许出现在任何商标上、鉴定报告中。用肉眼观察，马来玉的颜色过于鲜艳，十分不自然；在10倍放大镜下，可以看出丝瓜瓤状的颜色分布特征，颜色很浮。

9毫米翡翠平安扣手链

东陵玉手链

翡翠扁珠手链

翡翠手链的选购

（1）看颜色。看颜色是否纯正、浓艳、均匀，并用聚光手电筒检查是否有隐藏的杂色。以颜色浓艳、纯正、均匀，杂质微小者为佳。翡翠中翠绿色具有较高的价位，其次为红色、紫色。绿色中又以鲜嫩、略带黄色调的含三分水的秧苗绿为最佳，其次为宝石绿、江水绿、油绿，其中均以绿分布均匀者为好。

（2）观察透明度。在强光下观察，透明度愈高愈好。

（3）听声音。敲击声清脆悦耳者为佳。

（4）观察翠性和石花。对光观察，翡翠中有其他矿物颗粒的闪光（即翠性），并常有团块状白花，称石花。两者均以少为好。

（5）看裂痕和黑斑。裂痕有的是原矿中存在的，也有的是加工造成的，以少为好；黑斑是翡翠中各处的黑色斑点，也以少而小为好。

（6）看加工水平。以表面平滑、抛光好、形态正为佳。

翡翠手链的保养

（1）翡翠需要定期清洗：将翡翠浸泡在清水中30分钟，如果因为长期佩戴使其表面出现脏污，只要在浸泡后用小软刷轻轻刷洗翡翠即可。这样腐蚀性的物质就很难长期存在于翡翠表面并对其进行损伤，同时又能补回翡翠在夏季高温状态下或在洗桑拿时失去的水分。

（2）翡翠怕高温：翡翠经过烤灼会使其内部分子体积增大，使玉质产生变化，翡翠失去温润的水分，使其种质变干，而其颜色也会变浅。因此，去日照强烈的沙滩等地游玩时尽量不要佩戴翡翠首饰，避免过强的阳光对其直接照射；还有喜欢蒸桑拿的朋友，在进桑拿房前也要将翡翠饰物取下，不要让翡翠长期处于高温湿热的环境下。

（3）翡翠怕摔：日常生活中在佩戴翡翠首饰之时，应该尽量避免使其从高处坠落或撞击硬物，特别是有少量裂纹的翡翠首饰更应注意，不然很容易破裂损伤。

（4）翡翠怕酸、碱等化学试剂：翡翠首饰不能与酸、碱和有机溶剂接触，因为它们是多矿物的集合体，这些化学试剂会对翡翠首饰表面产生腐蚀作用。另外，也不要将翡翠首饰长期放在箱子里，否则，时间久了翡翠首饰也会"失水"变干。

14 毫米翡翠手链

12 毫米翡翠手链

糯种紫罗兰天然翡翠玉珠手链

基本信息

材料质地：翡翠

规格尺寸：直径 5 毫米

适宜人群：男士、女士

风格特点：简约、百搭、大方、优雅

星语鉴赏

佩戴指数：★★★★★★★★

抢眼程度：★★★★★★★★★

制作工艺：★★★★★★★★★

把玩指数：★★★★★★★

精品鉴赏

089

和田碧玉手链

国之美玉——和田玉手链

和田玉又叫软玉、中国玉，俗称"真玉"，位居中国传统四大名玉之首，是世界上最著名的玉器制作原料。和田玉因其特有的艺术品质，受到越来越多人的青睐，成为东方美的独特象征。因其神秘的寓意，和田玉成为保平安、求富贵的装饰佳品；再加上它独特的保健养生功效，使其成为一举多得的佩戴品。

和田玉的种类

根据颜色的不同，可将和田玉分为如下几类。

一、碧玉

碧玉是指玉料呈青绿、暗绿、墨绿、黑绿等色的软玉。其颜色是由于含一定量的阳起石和含铁较多的透闪石所致。碧玉即使接近黑色，其薄片在强光下仍是深绿色的。某些碧玉与青玉不容易区分，一般颜色偏深绿色的定为碧玉，而偏青灰色的定为青玉。优质的碧玉也是十分名贵的，但不能与羊脂玉相媲美。碧玉与青玉之间也有过渡色，但不像青玉与白玉之间那样模糊，是比较容易区分的。在中国历代的玉文化中，碧玉也是占有一席之地的。

二、白玉

白玉是和田玉中特有的高档玉石，硬度一般不大。在世界各地的软玉中，白玉极为罕见，其颜色由白到青白，多种多样，叫法上也名目繁多。质量最好的白玉称为羊脂玉，因色似羊脂而得名。羊脂玉质地细腻，特别光润，给人一种刚中见柔的感觉，是白玉中最好的品种，目前世界上仅新疆有此品种，出产十分稀少，极其名贵。

另外，白玉根据白色的变化情况还分为梨花白、雪花白、象牙白、鱼肚白、糙米白、鸡骨白等品种。

三、青白玉

青白玉可分为青玉、糖青玉、糖青白玉、翠青玉、炯青玉，是指玉料呈灰绿色、青灰色的软玉。实际上，青玉的"青"是一个比较含糊的颜色，既非灰又非绿，是一种不鲜明的淡青绿色。说白又青，说青又白。它介于青玉和白玉之间，业内人士称其为青白玉。青白玉与白玉和青玉之间也没有明显的界线，都是凭实践经验的感觉而确定。白玉和青玉当下产量相对羊脂玉而言要大一点，也因为中国古玉大都使用青玉和青白玉，所以青玉的影响是很久远的。

和田青白玉手链

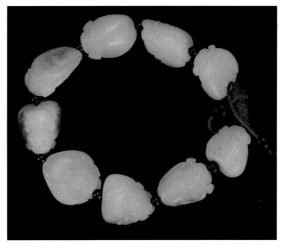

和田白玉手链

和田墨玉手链

四、墨玉

墨玉指灰黑到浅黑色的软玉，其黑色分布可呈点状、片状，深浅不一，以纯黑色为佳。墨玉的黑色系由鳞片状石墨所致。全黑者，即"黑如纯漆"者乃是上品，十分少见。墨玉一般块度较小，加工过程中有时和白玉对比作俏色用。如果墨玉呈点状散布于白玉中成为脏色，则影响玉的质量和利用。

五、黄玉

黄玉指呈黄、蜜蜡黄、栗黄、秋葵黄、鸡蛋黄、米黄、黄杨黄等色的软玉，其中以蜜蜡黄和栗黄为佳品。黄玉颜色多为淡色，且深浅不一，由氧化铁渗透、浸染而成。目前出产最多的是青黄玉，产于辽宁岫岩县，经分析为蛇纹石软玉或透闪石软玉，软玉成分中透闪石的含量有的高达75％以上。因此，玉质感很强，硬度和光泽也好，是较好的玉器材料。黄玉十分罕见，在几千年用玉史上，偶尔见到，质优者不亚于羊脂玉。

六、糖玉

糖玉也称"赤玉"，是一种呈红糖色的软玉，其中以血红色为最佳。红糖色的颜色因褐铁矿沿透闪石颗粒边界浸染所致，多出现于白玉和青玉中。在存世玉器中，真正为红色的糖玉是极为少见的，一般多为紫红色或褐红色。

除了上述几种主流和田玉之外，还有一些不太常见的玉料品种。比如，虎皮玉，其外观呈现虎皮色；青花玉，其外观颜色呈现天蓝色，由深变浅，越浅颜色越白，但白里泛黑；花玉是由多种颜色构成的具有一定花纹图案的软玉，一般此品种常带灰色调或黑色调。

和田糖玉手链

碧玉手链

碧玉

碧玉是一种含有多种杂质的玉髓，其中氧化铁和黏土矿物等杂质含量可达20%以上，不透明，颜色多为暗红、绿或杂色。碧玉是一种半透明呈菠菜绿色的软玉，颜色和结构不甚均一，碧玉质地细腻，如墨绿色凝脂，很少有瑕疵。按照颜色来分，碧玉可分为红碧玉、绿碧玉等。

碧玉的分级

（1）一级碧玉。颜色以菠菜绿色为基础色，柔和均匀，质地致密细腻，滋润光洁，坚韧。有油脂状、蜡状光泽，半透明，基本无绺、裂、杂质等。

9毫米碧玉手链

二级碧玉手链

（2）二级碧玉。颜色以绿色为基本色，有闪灰、闪黄、闪青，较柔和均匀，质地致密细腻，呈现蜡状光泽，半透明，偶见绺、裂、杂质等。

（3）三级碧玉。以绿色为基本色，泛灰、泛黄、泛青，不均匀，蜡状光泽，半透明，常有绺、裂、杂质等。

碧玉手链的鉴别

在今天，除了顶级白玉及稀少的羊脂玉外，碧玉、黄玉的收藏已经呈现出上升的趋势。从商朝开始，碧玉一直被用来作为大型器皿件的原材料，例如家具、缸、乐器、鼎、大型人物件等。碧玉色泽美丽，玉质极佳，深受广大美玉爱好者的喜爱。

然而，某种事物盛行之后必有假冒或者赝品，因此，在这里为大家介绍5种简单实用的鉴别碧玉的方法：

一、手摸法

将玉件拿在手中，摸一摸，搓一搓，有温润、油滑之感者可能是和田碧玉。

二、玻璃法

用玉身刻划玻璃，玻璃上出现痕迹的可能是和田碧玉。

三、划印法

用小刀划刻玉身几下，毫无痕迹者可能是和田碧玉。

四、滴水法

由于和田碧玉密度高，将水滴上后，水滴边缘整齐而不扩散。

五、视察法

将玉朝向光明处，比如朝向阳光或灯光照射处，玉身剔透、结构均匀者可能是和田碧玉。

6毫米碧玉手链

和田碧玉超细珠手链

碧玉手链的选购

对于碧玉手链的挑选，一般从下面几个方面来把握：

一、料质

不论是挑选玉佩、手链还是其他一些碧玉制品，材质始终放在第一位。碧玉是集合体，不容易看出本身的颗粒感，玉石的纤维结构也不是十分明显，但是看起来显得均匀干净。

二、颜色

对于优质碧玉的颜色，主要有这样几个要求：均匀、干净、色鲜。现在市场上的大部分碧玉制品，颜色鲜艳者色的均匀度不够，有很鲜艳的部分，但也有暗淡的部分，看起来是花的。因此，如果能在市面上看到颜色鲜艳均匀、表面干净的碧玉，那一定是上等的精品。

三、黑点

不论是山料还是籽料，大部分碧玉都存在很多黑点。要知道，这些都是存在于碧玉当中的天然矿物。因此，如果一件碧玉产品上面没有黑点或者只有一两个黑点都是非常难得的。

碧玉手链的保养

碧玉是和田玉当中较为珍贵的一个玉种，千百年来，受到一代又一代人的喜爱。爱玉，就要学会保养玉。下面就为大家介绍一下如何保养碧玉：

一、避免和硬物相碰撞

碧玉虽然有很高的硬度，但受到撞击，还是会出现裂纹。有时，虽然看不出来，但其中的内层分子结构可能已被破坏。这样一来，受损的碧玉手链的经济价值和完美度就会大打折扣。

二、不要让其接触灰尘

由于手链长时间暴露在空气当中，因此很容易沾染上灰尘。因此，需要定期用柔软的白色净巾或毛刷轻轻清理。如果碧玉手链上面有油污，应该先用温淡的肥皂水轻轻刷洗，然后用清水冲净，再用干净的白色软布擦干。

三、远离热源

不要将碧玉制品放在阳光长期直射的地方或靠近热源的地方，因为碧玉遇热容易膨胀，分子体积增大，对玉质会造成不利影响。

天然碧玉时尚手链

8毫米碧玉手链

四、避免和化学制品接触

在佩戴过程当中，要尽量避免碧玉手链与香水或酸性、碱性化学试剂等接触。因为香水、化学剂液等含有的化学成分，会对碧玉产生一定的腐蚀作用，影响碧玉手链的美观和经济价值。

五、避免长时间和汗液接触

我们知道，人体的汗液当中含有尿素、挥发性脂肪酸和盐分等，这些物质会对碧玉手链产生腐蚀作用。因此，长期接触会使碧玉外层受到损伤，影响其鲜艳度。

六、保持适当的湿度

不要将碧玉手链放在过于干燥的环境当中，太过干燥的环境，很容易使碧玉手链内含的天然水分蒸发散失，从而导致碧玉失去光泽。这样一来，就大大损害了碧玉手链的价值。

七、保存

对于碧玉手链的保养，应该做到，在不佩戴的时候，将其单独放进柔软的首饰袋内或垫有棉絮等软物的首饰盒内，以免刮花、碰损。

和田碧玉手链

基本信息

材料质地：碧玉

规格尺寸：直径 6 毫米

适宜人群：男士

风格特点：简约、百搭、大方、优雅

星语鉴赏

佩戴指数：★★★★★★★★

抢眼程度：★★★★★★★★★

制作工艺：★★★★★★★★

把玩指数：★★★★★★

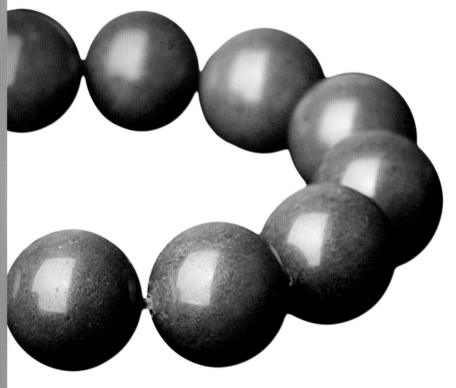

时尚百搭碧玉手链

基本信息

材料质地：碧玉

规格尺寸：直径 3.5 毫米

适宜人群：男士、女士

风格特点：简约、百搭、优雅

星语鉴赏

佩戴指数：★★★★★★★★★

抢眼程度：★★★★★★★★

制作工艺：★★★★★★★★

把玩指数：★★★★★★★

异形白玉手链

白玉

白玉中的上品非羊脂玉莫属，羊脂玉给人一种刚中带柔的感觉，是软玉中的极品，玉体晶莹剔透、洁白无瑕、温润坚密、白如凝脂。羊脂玉自古以来就受到人们的喜爱，在古代的时候，只有皇帝才有资格佩戴上等羊脂玉。很多王公贵族、文人墨客都对羊脂玉非常推崇。羊脂玉世间罕见，非常昂贵。目前，很多上好的羊脂玉都被收藏家们收藏了起来，不轻易示人。

白玉的分级

（1）一级白玉。一级白玉色洁白，质地温润细腻，半透明状，有油脂般的光泽。未加工的一级白玉偶见杂质，工艺品基本上都无杂质、无碎绺，是和田玉中之上品。

　　（2）二级白玉。二级白玉颜色呈白色，质地较细腻滋润，半透明状，偶见细微的绺、裂、杂质及其他缺陷，有油脂般的光泽。

　　（3）三级白玉。三级白玉颜色白中泛灰、泛黄、泛青、泛绿，半透明状，蜡状光泽，稍有石花、绺、裂、杂质等。

白玉手链的选购

一、看质地和手感

　　白玉的质地非常细腻，手感也很温润，光泽是柔和的。在选购时，可将手链放在手中掂掂是否有沉重感，再看其光泽是否是蜡质光泽，里面有没有气泡，最后用手感觉一下是否有温润的感觉。

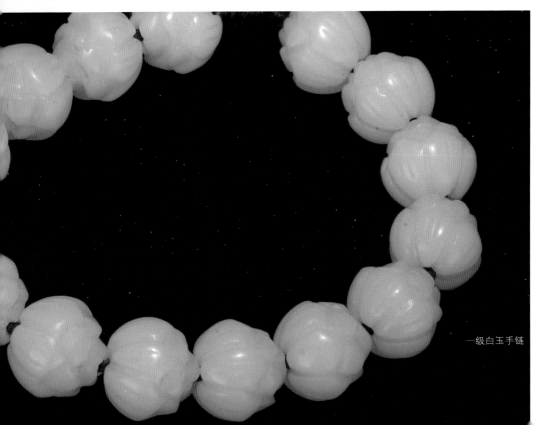

一级白玉手链

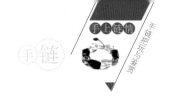
二、看外观

（1）注意观察阴刻线。由于和田白玉韧性很强，雕刻时，阴刻线两侧不容易起崩口。石英岩类玉石硬度虽然高，但韧性差，脆性强，阴刻线容易起崩口。

（2）和田白玉的光泽很温润。不是那种很强的玻璃光泽，也就是说和田白玉的表面对光线的反射不是很强，这是由于和田白玉的表面有非常细小的凹凸，类似毛玻璃，用 10 ～ 20 倍的放大镜就可看到，有时还可看到手工打磨遗留下来的顺着某一方向的纹路。

（3）和田白玉用肉眼可以看到细密的小云片状、云雾状结构的玉花，这是和田白玉特有的结构特征。

白玉手链的保养

白玉手链的保养，主要从下面几个方面入手：

一、避免污渍

在佩戴白玉手链的过程当中，应该注意手链的表面是不是有灰尘，并尽可能避免灰尘。如果手链表面有灰尘，应该用软毛刷清洁。如果手链表面沾染了污垢或油渍，应以温热的淡肥皂水洗刷，再用清水冲净。如果是雕刻十分精致的收藏品，灰尘长期未得到清除，则可请生产玉器的专业工厂、公司进行清洗和保养。

二、避免与硬物碰撞

和田白玉的硬度虽然很高，但是受碰撞后很容易开裂，有时虽然用肉眼看不出裂纹，但是玉内部的分子结构已破坏。这样一来，就大大损害了白玉的完美程度和经济价值。

三、精心存放

在不佩戴的时候，最好把白玉手链放进袋内。这样一来，就能够防止擦花或碰损。如果是高档的手链，切勿放置在柜面上，以免积满尘垢，影响手链的透亮度。

四、恒温保护

白玉所在的环境要保持适宜温度。因为白玉玉质要靠一定的温度
来维持,缺少温度和亮度就会使白玉失去一定的艺术价值和经济价值。

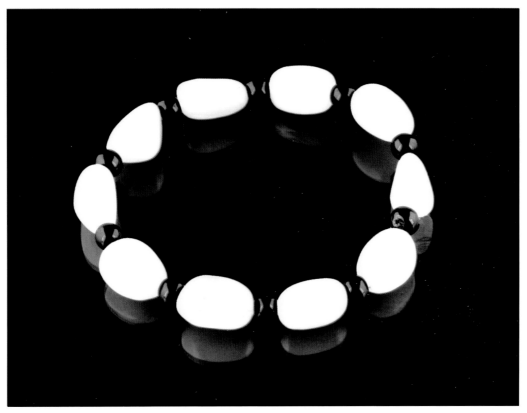

极品随形白玉手链

拓展延伸

　　质量好的白玉,质地细腻,颗粒间空隙小,是不容易进杂质
的,所以不会变色;质量差的白玉,质地疏松,颗粒间空隙大,
容易进杂质,所以会变色。

极品和田白玉手链

基本信息

材料质地：白玉

规格尺寸：直径 12.6 毫米

适宜人群：男士、女士

风格特点：简约、百搭、大方、优雅

星语鉴赏

佩戴指数：★★★★★★★★

抢眼程度：★★★★★★★★★

制作工艺：★★★★★★★

把玩指数：★★★★★★★★

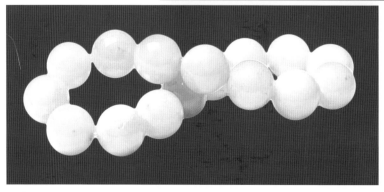

和田白玉圆珠手链

基本信息

材料质地：白玉

规格尺寸：直径 16 毫米

适宜人群：女士

风格特点：简约、百搭、优雅

星语鉴赏

佩戴指数：★★★★★★★★★

抢眼程度：★★★★★★★★

制作工艺：★★★★★★★★

把玩指数：★★★★★★★

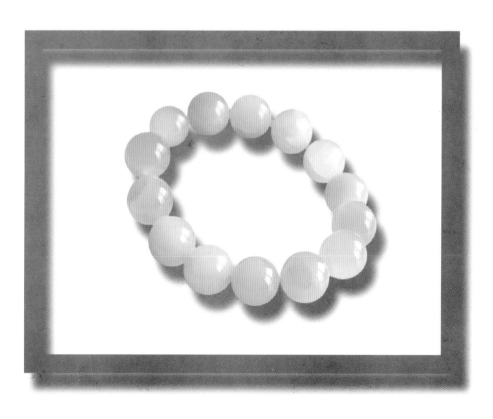

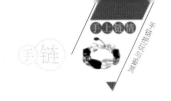
青白玉

青白玉是一种颜色介于白色和淡青色、淡绿色之间的软玉。青白玉的透闪石含量一般在 98% 左右。

青白玉是白玉和青玉的过渡品种，其质地跟白玉没有太大的区别，颜色以白色为主，在白色中隐隐闪青、闪绿等，其上限与白玉靠近，下限与青玉相似，是和田玉中较为常见的一个品种，其经济价值稍逊色于白玉。

青白玉的分级

（1）一级青白玉。颜色以白色为主，白中闪青、闪黄、闪绿等，柔和均匀，质地坚韧而细腻，半透明，有油脂状、蜡状光泽，基本无绺、裂、杂质。

（2）二级青白玉。颜色以白、青为主，白中泛青，青中泛白，非青非白非灰之色，较柔和均匀，有油脂状、蜡状光泽，质地致密细腻，半透明，偶见绺、裂、杂质、石花及其他缺陷。

（3）三级青白玉。颜色以青、绿为主，泛白、泛黄，不均匀，较致密细腻，较滋润，有油脂状、蜡状光泽，半透明，常见有绺、裂、杂质、石花及其他缺陷。

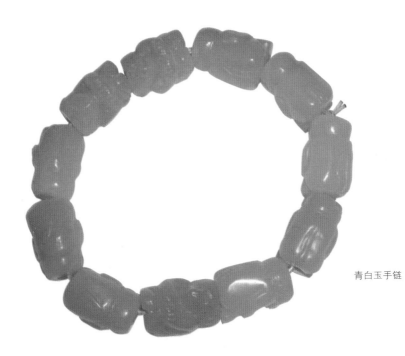

青白玉手链

青白玉随形手链

青白玉的鉴别和选购

鉴别和选购青白玉的方法如下：

一、手触摸法

真正的青白玉，用手摸的时候有冰凉润滑之感。

二、视察法

把玉朝向光明处，如阳光、灯光照射处，如果观察到的玉身剔透、绿色分布均匀，那么就证明是真的青白玉。

三、舌舔法

用舌尖舔玉，如果舌尖有涩感，则说明是真玉；反之，如果没有涩感，则说明不是真品。

四、水鉴别法

将一滴水滴在玉上，呈露珠状久不散开者是真玉，水滴很快消失者是伪劣货。

五、放大镜观看法

在选购的时候，应该借助放大镜或者其他工具，仔细查看有无裂痕。无裂痕者为

上乘优质玉，有裂痕者次之。

六、看颜色

一些有经验的人可通过颜色来判定是否为青白玉。颜色最白者为和田白玉，颜色最青者为青玉，颜色介于青玉和白玉之间者，则称之为和田青白玉。

青白玉手链的保养

青白玉和白玉相似，都属于接触变质成因形成，只因青白玉与白玉所含的微量元素不同，因此才出现一定差异。下面就为大家介绍一下保养青白玉手链的技巧：

一、清洗

佩戴青白玉手链，要记得定期清洗。清洗的时候，首先将青白玉放到温水当中，然后滴入温和洗液，用软毛刷进行轻轻的刷洗，最后用清水冲净，再用软布擦拭即可。

二、擦拭

因为青白玉结构特殊，以之做成的手链佩戴时间久了，玉的边缘就会出现一层油一样的物质。因此，要定期擦洗青白玉手链。

三、避免碰撞

青白玉的硬度高，但是不宜受到撞击。在撞击的情况下，青白玉很容易产生裂纹，严重的会导致碎裂等后果。

四、定期更换串绳

要记得定期更换青白玉手链的串绳，因为手链戴在手上，来回晃动，容易磨损绳子。如果串绳损坏，要及时更换新串绳。

拓展延伸

和田玉在我国至少有 7000 年的悠久历史，是我国玉文化的主体，是中华民族文化宝库中的珍贵遗产和艺术瑰宝，具有极深厚的文化底蕴。此外，我国是世界历史上唯一将玉与人性相融的国家。

天然墨玉手链

墨玉

墨玉是一种珍贵而稀有的自然资源，其色重质腻，纹理细致，漆黑如墨，光洁可爱，极负盛名。墨玉是指玉石呈现黑色、墨黑、淡黑到青黑色的软玉，其名有"乌云片""淡墨光""金貂须""美人鬓""纯漆黑"等。一般来说，墨玉的墨色都不是很均匀，既有沁染黑点状，又有云状和纯黑型。墨玉之所以呈黑色，主要是因玉中含有黑色物质。一般有全墨、聚墨、点墨之分。其中全墨，即古人所说"墨如纯漆"，十分罕见，是上等的玉玺用料。聚墨指青玉或白玉中墨色较聚集的玉石，有些则墨色不均，黑白对比强烈，玉工多用巧雕使其成为俏色作品。点墨是指玉石表面散布着很多均匀的细微点状石墨，外表呈灰色。

墨玉的种类

墨玉的种类非常多，因是天然形成的，因此每块墨玉的质地都与其他墨玉不同。市场上，人们一般把墨玉分为4种：

一、墨玉白玉底

此种玉就是在一块墨玉上，黑色与白色非常分明，条纹很清晰者为上品，也有黑色与白色相混的，此为下品，当然玉的硬度、色度、密度、润度（油性）、外形，

都会影响玉的价值。目前市场上很少有墨玉白玉底的墨玉，价格非常昂贵。

二、墨玉碧玉底

此种玉在灯光下或日光下，呈黑碧相间的色泽，非常漂亮。因在不同玉中黑、碧两色多寡有所不同，称呼也不同：如果底色是碧玉色，黑色成分偏多，就称黑碧玉；倘若碧色多于黑色，就称碧绿玉。其实二者是属于同一种玉种，只是依黑、碧两种颜色多寡的不同划分名称。

三、墨玉墨底

此玉种是整块玉内、外都是纯黑色的，没有掺杂其他颜色。这种墨玉现在非常少。

四、戈壁墨玉

此种玉产于大戈壁，它的特殊性在于硬度与密度，经过亿万年的风霜雪雨的磨炼，玉质非常好，但戈壁墨玉非常难得。

墨玉与相似玉石的区别

现在，市场上的墨玉鱼龙混杂，以下几种玉石容易与墨玉混淆：

一、青海烟青玉冒充墨玉

青海烟青玉的特点是黑处没有散点特性，黑色和底色是自然过渡的。

二、新疆黑碧玉冒充墨玉

新疆黑碧玉在日光的照射下会呈现出漆黑色，如用强光照其边缘，则透着些许绿光。这种玉石的鉴定一看是否漆黑，二看灯下玉质里是否有黑点。

三、坑瓦石冒充墨玉

坑瓦石的特性非常显著，就是不论你怎么照射，都不透光。

要知道，真正的新疆墨玉是因为石墨入侵白玉而形成的，在灯光的照射下，会看到有星星点点的黑点投射出来。虽然说墨玉是越黑越好，但玉的边缘也要透光，因为是白玉底的，也极油润。很多时候，因为整块玉都是黑的，看不出白底，以至于被一些技艺不是很高的人当成石头。总的来说，要分清真正的墨玉，就需要多看、多玩。

10 毫米墨玉手链

墨玉手链的选购

墨玉以全黑为贵，黑如纯漆、细如羊脂当属墨玉极品。对于墨玉的评价，一般遵循下面 3 个原则:

一、颜色

上等墨玉，颜色要黑，偏灰、偏绿都不好。有颜色的宝石、玉石的颜色评价都是一样的原则，颜色纯正永远是第一位。

二、分布

全墨最好，片墨只能作为巧色加以利用。当然，如果合理运用巧色，能为玉雕增色不少，使玉活灵活现。正常来说，点墨很难利用，一般都会在加工过程当中加以剔除。

三、玉质

玉质的细腻程度是评价和田玉的首选原则，这一点和评价其他玉一样。

墨玉手链的保养

墨玉是一种非常珍贵的玉，懂得好好保养墨玉手链，则能够让它变得更有价值。相反，在日常生活当中疏于养护，说不定就会有损墨玉手链的价值。因此，了解一些保养墨玉手链的方法就显得格外重要了。

和田墨玉超细圆珠手链　　　　　　　　　　　　　　和田墨玉圆珠手链

一、避免与硬物碰撞

虽然墨玉的硬度很高，但在某些撞击下，还是很容易开裂。很多时候，肉眼虽然看不出裂纹，但内部结构已受破坏。因此，在佩戴墨玉手链的过程当中，一定要注意。

二、尽可能避免灰尘

黑色的东西很容易吸附灰尘，因此每佩戴一段时间之后，就应该及时清洗；如果墨玉的表面有污垢或油渍，就应该用温和的淡肥皂水洗刷，然后用清水清洗。

三、玉器要避免阳光的暴晒

不要让墨玉手链暴露在强烈阳光下，温度过高会使玉石分子体积增大，从而改变玉的质地和色泽。

四、妥当摆放

在不佩戴的时候，记得把墨玉手链妥善保管，最好是放进首饰袋或首饰盒内，以免擦花或碰损。

天然墨玉手链

基本信息

材料质地：墨玉

规格尺寸：直径 17 毫米

适宜人群：男士

风格特点：百搭、大方、休闲、优雅

星语鉴赏

佩戴指数：★★★★★★★★★

抢眼程度：★★★★★★★★

制作工艺：★★★★★★★

把玩指数：★★★★★★★★

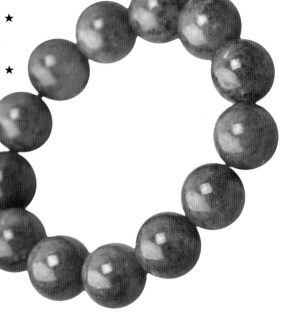

极品墨玉手链

基本信息

材料质地：墨玉

规格尺寸：直径 15 毫米

适宜人群：男士

风格特点：简约、百搭、优雅

星语鉴赏

佩戴指数：★★★★★★★★

抢眼程度：★★★★★★★★★

制作工艺：★★★★★★★

把玩指数：★★★★★★★★

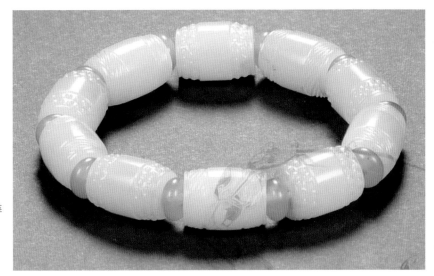

黄玉手链

黄玉

　　黄玉是指玉料呈绿黄色、米黄色的软玉，带有绿色调。其颜色越深则越珍贵，跟羊脂玉不相上下，甚至在某种情况下，比羊脂玉更为罕见珍贵。和田黄玉自古以来就是一种珍贵罕见的品种，受到了人们的重视和追捧，因此黄玉在历史上一直处于非常高的地位。清朝以前，人们大都喜欢深色玉种，到了清朝，人们又开始对浅色玉种偏爱起来。可是不管怎样，人们对黄玉的喜爱程度一直都没有降低。

精美黄玉手链

天然黄玉招财手链

黄玉手链的鉴别和选购

黄玉质地细腻湿润、色泽温和、光彩迷人，是玉石中难得的极品，历来被世人追捧。

为了能够让大家更好地了解黄玉，买到货真价实的黄玉手链，下面为大家介绍一些鉴别、选购黄玉的方法步骤：

一、看颜色

最好的黄玉，颜色都非常鲜艳明亮，呈金黄色，稍带橙色。从颜色来看，无色的黄玉、红色的黄玉、淡蓝色的黄玉、黄褐色的雪梨黄玉等，都是档次比较高的黄玉。

二、看质地

在挑选和选购黄玉手链的时候，应该仔细查看黄玉内部有没有瑕疵、裂缝、杂质等。很多时候，还要借助放大镜，因为一些细小的损伤很难用肉眼看出。

黄玉貔貅手链

8毫米黄玉手链

三、区别黄玉和一些与黄玉相似的玉石

最容易与黄玉混淆的，应该是黄水晶。初一看，黄水晶和黄玉非常相似，因此常被用来冒充黄玉制成首饰。应该特别注意的是，黄玉手链握在手里有"坠"的手感，而黄水晶没有。此外，黄水晶光偏冷，黄玉光较柔和。

黄玉和碧玺的区别，黄玉主要以黄色为主，稍带些许其他颜色，而碧玺则同时拥有两种主色。

黄玉手链的保养

（1）忌硬碰硬，使黄玉受损。

（2）忌靠近高温和暴晒，以免黄玉失水失泽。

（3）清洗用软布或软刷浸水除去表面污秽。

（4）黄玉不能与酸、碱和有机溶剂接触。这些化学试剂会对黄玉表面产生腐蚀作用。

7毫米黄玉手链

拓展延伸

以黄色为基本色的黄玉，表达了人们渴望友爱、友好相处的愿望，符合国家之间、民族之间和平友好共处的原则。欧洲文化中传说金黄色的黄玉能把美貌和智慧带给佩戴的人，所以父母总给子女买上一两件黄玉饰品，表达父母的"希望"。因此，黄玉也被称为"希望之石"。

糖玉

糖玉是一个特殊品种，它跟白玉、青玉、碧玉、黄玉的原生色不同，糖玉的玉料多呈现红褐色、黄褐色、黑褐色等色调。其颜色是由白玉、青白玉、青玉被铁、锰氧化浸染而成的。糖玉可根据氧化浸染的程度区分名称，如当糖色大于85%时称为糖玉，小于30%就叫作糖白玉、糖青玉。目前，在存世的玉器之中，真正的红色糖玉极其罕见，大多数糖玉是褐红色或紫红色的。糖玉主要产于新疆的叶城、且末、若羌、和田等地。叶城矿糖玉颜色偏灰，大部分比较干，无水头，细度相对来说比较弱，基本无油脂；且末矿糖玉颜色青白居多，白中偏青，糖色比较偏红，细度比较好，油脂比较高，水头好；若羌矿糖玉玉色黄中偏青，黄者为上品。糖玉常与白玉、青白玉或青玉构成双色玉料，可制作俏色玉器。以糖玉皮壳籽料掏腔制成的鼻烟壶称"金裹银"，也很珍贵。

糖玉的种类

现在市场上的糖玉主要有下面几种：

一、俄罗斯糖玉

俄罗斯糖玉是世界上最漂亮的白玉之一，尤其以红糖色和煞白著称。一般来说，人们现在所说的一级白，只有俄罗斯的糖玉能够达到。

二、岫岩糖玉

顾名思义，岫岩糖玉就是产自辽宁岫岩的山料。岫岩糖玉糖色发灰，玉质远逊于俄罗斯糖玉。

三、青海糖玉山料

这是一种产自青海的糖玉，其糖色灰暗，远不及俄罗斯糖白玉的红糖色。

12毫米和田糖玉手链

糖玉圆珠手链

四、新疆和田糖玉

新疆和田糖玉，主要产自叶城和且末。糖色发咖啡色，远没有俄罗斯糖玉好看。

糖玉手链的鉴别和选购

糖玉手链的糖色是沁色，如果是假糖玉手链，则沁色很难深入。一般情况下，沁色通常是从玉的裂缝处，由深及浅渗透进去。加工较好的物件看不见原始裂缝，但是依旧能够观察到颜色的深浅变化。

通常情况下，假的糖玉手链，颜色一般都浮于表皮。对于这一点，用手电分别从不同角度去观察，看看内部是不是有很好的沁色就能够鉴别真假。

糖玉手链的保养

糖玉和其他玉材一样，怕火、怕碰、怕油腥。因此，对于那些佩戴糖玉手链的人来说，保护糖玉手链的最好办法就是贴身佩戴。一方面，糖玉内部的微矿元素能够被人体吸收，对人体有好处；另一发面，人体排出的汗液，能够使糖玉的光泽越来越好。这就是所谓的"人养玉，玉养人"。

佩戴一段时间之后，就需要及时清洗。清洗的时候，可以用牙刷和清水，但是切忌放入化学制品，否则会破坏糖玉的光泽。

糖玉双面工艺佛头手链

基本信息

材料质地：糖玉

规格尺寸：直径 16 毫米

适宜人群：男士

风格特点：时尚、百搭、优雅

星语鉴赏

佩戴指数：★★★★★★★★

抢眼程度：★★★★★★★

制作工艺：★★★★★★★★

把玩指数：★★★★★★★

糖玉椭圆珠手链

基本信息

材料质地：糖玉

规格尺寸：直径 13 毫米

适宜人群：女士

风格特点：简约、百搭、大方、优雅

星语鉴赏

佩戴指数：★★★★★★★

抢眼程度：★★★★★★★★

制作工艺：★★★★★★★★★

把玩指数：★★★★★★★

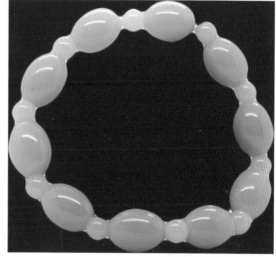

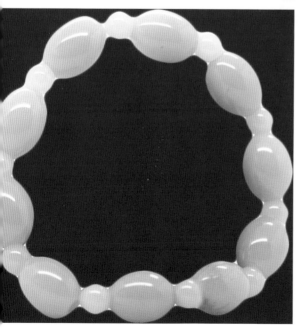

水晶

千年水精——水晶手链

水晶，古代称之为水精，即水的精华，美丽的结晶。水晶晶莹闪亮，历来为人们称颂和钟爱。长期以来，水晶以其晶莹透明、温润素净而被人们视为圣洁之物，是吉祥的象征。

水晶的分类

按照颜色、形态和物理性质的差异来分，天然水晶有以下几大类：

（1）白水晶：无色，透明如水的晶体。

（2）紫水晶：含三价铁和锰，呈紫色的透明或半透明晶体。

（3）烟水晶：俗称茶晶，呈烟黄色或烟褐色的透明晶体。

（4）墨水晶：墨黑色，含有机质的半透明晶体。

（5）黄水晶：含二价铁，呈黄、红、橘黄、褐色的透明晶体。

（6）蔷薇水晶：含钛等微量元素，显蔷薇浅玫瑰色的质密块状体，又称芙蓉石。

（7）发晶：含有金刚石、角闪石、电气石等针状包裹物。

（8）绿水晶：含阳起石针状包裹物。

水晶的分级

AAA 级：整个水晶里外通透无瑕疵，表面没有可见的人为瑕疵。

AA 级：有极细微的瑕疵，或细小的天然内含物，不超过 3 毫米的云雾或絮。

A 级 ：有轻微瑕疵，有用肉眼很容易看得见的云雾或棉絮。

AB 级：有大块的云雾内含物，有小冰裂痕，表面有细小划痕。

B 级：整块水晶中一半以上都是云雾和内含物，大块的冰裂痕，表面有较小裂痕。

C 级：最低一级，整体呈云雾状，冰裂痕迹很明显，表面也有明显裂痕，好像随时会碎。

7 毫米水晶手链

紫晶手链

108 颗紫晶手链

紫晶

紫晶的化学组成是二氧化硅，硬度是 7，属于三方晶系，晶体呈六方柱紫金山天文台状，柱面具横纹，有左形和右形两种，双晶很普遍。紫晶是水晶家族当中身价最高的一个成员，因为水晶晶体内含有锰、三价铁离子而呈现紫色。紫晶在二色镜下具有很明显的多色性。

紫晶之所以是紫色，很多人认为是混入高价铁或锰、钛等色素元素所造成的；不过，只要把紫晶加热到 240 ～ 270℃，其颜色便会消退，变为黄褐色、褐色；而经伦琴射线照射又可恢复为原有的紫色。故有人认为，紫晶颜色是内部原子排列状态的某种缺陷所引起的光学现象。

现在的市场上，也有一些人工合成的紫晶，但颜色均一，不含气液包体。天然的紫晶一般颜色分布不均，呈现不规则片状展布，并且常常含有气液包体。紫晶主要形成于较低温度和压力条件下的热液矿脉中。从外观上看，一般合成紫晶的颜色色调极为均一，不像天然紫晶会存在颜色深浅不同的变化，但颜色色调的区别还不能作为鉴别紫晶的唯一依据，还需根据其包裹体、色带等内部特征才能做出准确的鉴定。

紫晶在自然界分布广泛，主要产地有巴西、俄罗斯、南非、马达加斯加，其中又以巴西的米纳斯吉拉斯伟晶岩矿床中产出的紫晶质优而久负盛名。一般巴西产的多为山状紫晶洞，一剖为二就可以成为极具观赏价值的紫晶洞摆件。乌拉圭产的紫晶则大多呈块状，颜色也较深较紫，颗粒较小，更适宜雕刻制作成各种摄人心魄的

紫晶原石

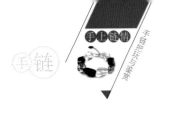

紫晶首饰。

随着人们生活水平的提高，紫晶现在也进入了寻常百姓家，紫晶的用途十分广泛，常被人用来制作艺术品、雕刻品、手链或戒面等。

紫晶手链的鉴别和选购

紫晶手链能够促使人集中精神，提高思维活力，冷静面对现实的挑战。紫晶手链的价格一般由其颜色、透明度以及品相决定。鉴别和选购紫晶手链，一般从以下 4 个方面入手：

一、颜色

紫晶主要有淡紫、紫红、深红、大红、深紫、

乌拉圭天然紫晶双圈手链

紫晶石

蓝紫等颜色，其中以深紫红和大红为最佳，过于淡的紫色则较为平常。

二、内含物

天然水晶的内含物是不可避免的，像棉、冰裂等，这是水晶在自然生成过程中形成的，只是其存在多少的问题。如果晶体内部的杂质比较少，晶体又比较通透，那么这种紫晶的价格相对来说就比较贵了。

三、色泽

紫晶色泽越鲜艳价格相对来说也就越高。天然紫晶的颜色不会很均匀，同一个紫晶手链上不同的珠子，甚至同一个珠子上都可能颜色不均一，尤其是放在水里，更能明显看出来。而合成的紫晶，颜色都比较均一。

四、做工

天然紫晶吊坠的价格还和紫晶吊坠的雕工有关系，一般雕工好、抛光好的紫晶吊坠价格会比较高。紫晶做工越是精细，款式越是新颖，其价格越高。

紫晶手链

紫晶手链的保养

紫晶经过长期佩戴，会沾染上一些脏东西，从而使其颜色变淡，甚至变色等。那么，怎样才能使紫晶手链长期保持完美呢？下面就来介绍一些有关紫晶手链保养方面的常识。

紫晶手链

（1）紫晶手链经常紧贴皮肤佩戴，因此常常受到汗液、化妆品、微酸、弱碱的侵害，很容易使其表面失去光泽，因此应该定期清洁并擦拭干净。

（2）紫晶很怕高温，因此要远离高温或者火源，以防止其褪色或炸裂。

（3）每隔一段时间，可以用海盐，也就是粗盐，溶水后浸泡紫晶手链一晚，隔天再用清水冲洗干净。但对于用金属或绳子穿成的水晶手链来说，要少用这样的方法，因为盐会侵蚀金属或绳子。

（4）将紫晶放在晶簇、晶洞中，利用晶簇、晶洞释放出的正磁场清除水晶的负能量，让它重新"充电"。

（5）做运动、洗澡或者游泳时，应该取掉紫晶手链，因为汗液与其他液体会侵蚀紫晶手链。

紫晶手链

天然紫晶手链

基本信息

材料质地：紫晶

规格尺寸：直径 14 毫米

适宜人群：男士

风格特点：百搭、大方、休闲

星语鉴赏

佩戴指数：★★★★★

抢眼程度：★★★★★★★★

制作工艺：★★★★★

把玩指数：★★★★★★

紫晶手链

基本信息

材料质地：紫晶

规格尺寸：直径 16 毫米

适宜人群：男士

风格特点：时尚、百搭、优雅

星语鉴赏

佩戴指数：★★★★★★★

抢眼程度：★★★★★★★★

制作工艺：★★★★★★★★★

把玩指数：★★★★★★★

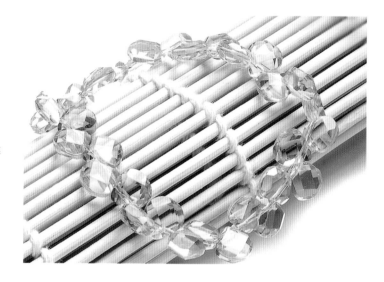

黄晶手链

黄晶

黄晶属于石英的一个变种，与石英一样同属硅氧矿物，色系从黄到浅褐色，很容易与黄玉混淆。黄晶之所以呈现黄色，是其中含有氧化铁的水合物的缘故。

天然黄晶较为稀少，产地更是寥寥无几，仅有巴西和马达加斯加出产一定数量的优质品。在今天的市场上，一些商家经常把紫晶和烟晶加热以使它们变成黄色来冒充黄晶或者黄玉。黄玉具有完整的节理，黄晶无节理，且黄玉折光率最低值为1.61，而黄晶最高折光率为1.55，很容易分辨。

黄晶属于典型的气成热液矿物，产于酸性火山岩的晶洞、花岗伟晶岩、云英岩和高温热液钨锡石英脉中。

虽然世界上其他一些地方也出产黄晶，但其最重要的生产地当属宝石级黄晶产地——巴西的米纳斯吉拉斯州，这里的黄晶有粉红色、黄色、深雪梨黄色、蓝色及无色等；斯里兰卡也是较重要的产地，它的黄晶主要为蓝色、绿色和无色。

在中国，广东、新疆、云南等地也出产大量的无色黄晶，经中子辐射、电子加速器轰击、钴－60照射及加热的方法处理，可变成漂亮的天蓝色。不过需要提醒大家的是，中子辐射改色的黄晶会有一定的放射性，因此需要搁置一段时间才能用作饰用宝石，否则对人体会有一定的伤害。

黄晶手链的鉴别和选购

天然黄晶手链一般都带有杂质，这也是绝大多数水晶手链的一个特点。同时天然黄晶手链中也存在色差，每块颜色深浅不一，若颜色一致则必是假的黄晶。

把天然黄晶放入水中，则呈现出来的颜色是不均匀的，通常是一块颜色辐射到整块水晶都是黄色的，假的黄晶就绝对是色泽均匀的。

常见的人造黄晶颜色均较黄，而且通常是大珠径圆珠（也有招财珠），其颜色黄的不自然，色泽暗淡，几乎感觉不到水晶的光泽，多数没有色差。

7毫米黄晶手链

黄晶刻面手链

黄晶手链的保养

黄晶手链的保养和其他晶体手链的保养基本相似，大致可分为下面几个内容：

（1）不要在进行激烈运动的时候佩戴。

（2）不要在洗澡、洗涤物品的时候佩戴。

（3）避免撞击、敲击。

（4）避免与化学物品接触。

（5）睡觉时不要佩戴。

（6）保养时选用软布擦拭。

黄晶招财手链

基本信息

材料质地：黄晶

规格尺寸：直径 10 毫米

适宜人群：男士

风格特点：简约、百搭、大方、优雅

星语鉴赏

佩戴指数：★★★★★★★

抢眼程度：★★★★★★★★

制作工艺：★★★★★★★

把玩指数：★★★★★★★

巴西黄晶手链

基本信息

材料质地：黄晶

规格尺寸：直径 13 毫米

适宜人群：男士

风格特点：时尚、百搭、休闲、优雅

星语鉴赏

佩戴指数：★★★★★★★

抢眼程度：★★★★★★

制作工艺：★★★★★★★★

把玩指数：★★★★★

烟晶

　　烟晶是石英当中的一个常见品种。人们常把无色透明的石英称之为水晶，相应地把带有黑褐色（烟色）的水晶称为烟晶。采用烟晶为原料制作出来的首饰和艺术品都非常精美，工艺不张扬，非常能体现出女性大方干练的气质。

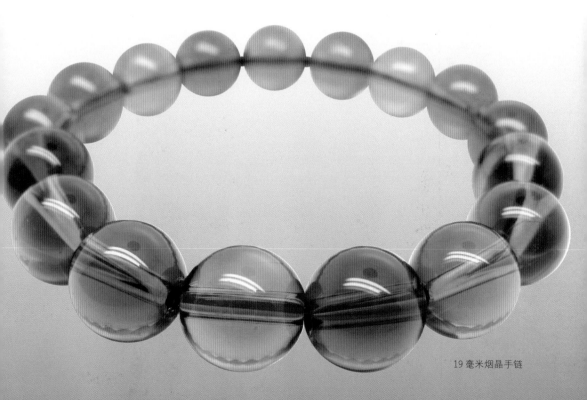

19毫米烟晶手链

9 毫米天然烟晶手链

烟晶手链的功效

烟晶有特殊的稳定及平衡作用，对
于脾气容易暴躁、神经质或过于好动的
人皆有稳定的作用，可以改善性格上的
轻浮与烦躁。

烟晶手链的鉴别和选购

一般情况下，鉴别烟晶手链多从以下几个方面入手：

一、内包物辨伪

通常来说，天然的烟晶会有内包物、天然冰裂纹、云雾及色带变化等。而人造烟晶则是由工厂或实验室合成，因此看上去更加干净。

8毫米烟晶手链

二、手感辨伪

纯天然烟晶手感清凉，有分量；而合成水晶手感温和，分量轻。

三、专家鉴定

建议将烟晶送到专业部门，让专业人士通过专业的鉴定方法来鉴别真伪。现在，市面上很多都是二次合成烟晶，购买时注意是否附带国家级鉴定证书，以防假货。

四、颜色辨伪

烟晶的颜色一般都比较淡，有一种风轻云淡的感觉。烟晶以棕色为主显色，但也有层次上的区分与颜色渐变。

7 毫米烟晶手链

超细珠烟晶多圈手链

烟晶手链的保养

烟晶手链的保养，主要注意以下几个方面：

（1）在运动或从事重体力工作、修理工作时，请勿佩戴烟晶手链，以免碰坏或磨损。

（2）长时间不佩戴，请密封保存，尽量避免与空气接触，避免烟晶手链被氧化。

（3）不要直接与硫黄接触，因为烟晶容易与硫黄产生化学反应。

（4）经常佩戴的烟晶手链，宜每周清洗一次，用软刷蘸温水、含氮的清洁剂清洗，或将饰品放入95%的酒精中浸泡20分钟左右，取出后用清水冲洗并擦干。

六字真言烟晶手链

拓展延伸

烟晶饰品佩戴小窍门：

（1）对于长时间佩戴导致积藏污垢的镂空烟晶饰品，最好的清洁方式就是用牙膏与牙刷轻轻刷洗。

（2）对于表面平滑的烟晶饰品，只需将其在专业擦饰品的软布上来回摩擦，2分钟以后即可提升其光泽度。

（3）烟晶饰品的最佳保养方式是经常佩戴，因为人体表皮油脂可使饰品产生自然温润的光泽。

天然烟晶手链

基本信息

材料质地：烟晶

规格尺寸：直径 14 毫米

适宜人群：情侣

风格特点：简约、大方、优雅

星语鉴赏

佩戴指数：★★★★★★

抢眼程度：★★★★★★★

制作工艺：★★★★★★★

把玩指数：★★★★★★★

烟晶磨砂手链

基本信息

材料质地：烟晶

规格尺寸：直径 14 毫米

适宜人群：男士

风格特点：简约、百搭、优雅

星语鉴赏

佩戴指数：★★★★★★★

抢眼程度：★★★★★★★★

制作工艺：★★★★★★★★★

把玩指数：★★★★★★★★

12毫米发晶手链

各色发晶手链

发晶

发晶其实就是包含了不同种类针状矿石内包物的天然水晶体，这些排列组合不同的针状矿物质分布在水晶的内部，整体看起来就像是水晶里面包含了发丝一样，所以被称为发晶。

发晶中的发丝形态各异，颜色多样，在光线的照射下活灵活现、变化多端、光彩夺目。由于发晶内矿物包体不同，称法也有异，有"金红石发晶""电气石发晶""阳起石发晶"。业内人士认为含丝状天然金的"金丝发晶"最为宝贵。

天然发晶中发丝多为平直丝状，细小者也有呈弯曲状的，常呈束状、放射状或无规则取向分布；发丝细直且呈平行取向的发晶，加工后可出现猫眼效应，是发晶中的精品。

天然彩发晶手链

发晶手链的真假鉴定

发晶手链的鉴定应从以下几个方面入手：

（1）发丝是发晶最重要的部分，天然形成的发丝是纤细而不均匀的，其排列也是参差不齐没有规矩的。

（2）天然的发晶放在偏光镜下观察，转动360度有明显的明暗变化，而且是严格的四明四暗，若是没有这种变化则可以断定其不是天然发晶。

（3）发晶的硬度很高，利器在发晶上刻划，不会留下任何痕迹，若能刻划出痕迹则是假发晶。

拓展延伸

佩戴发晶手链要注意以下几点：

首先，由于发晶的磁场能量强大，所以对于一些身体素质不太好的朋友来说，可能抵抗不住发晶强大的能量，在佩戴发晶刚开始的时候可能会稍感不适。

其次，对于精神特别好的人，在晚上睡觉的时候尽量不要佩戴，否则会让他们变得精神亢奋，睡不着。

再次，脾气不太好的朋友最好也不要经常佩戴发晶。

绿水晶手链

绿水晶

绿水晶为石英的一种，主要化学成分是二氧化硅，因含镁铁化合物而呈现绿色。绿水晶的产量十分稀少，现在市面上出现的多为人造绿水晶。

绿水晶古称青水晶，明人谷应泰所作赏石专著《博物要览》中记载："其青色者如月下白光，俏丽可爱。"

天然绿水晶非常珍贵罕见。巴西米纳斯吉拉斯州所产的绿水晶，系紫水晶经热处理变成的绿色品种。近些年，在中国也发现了几处绿水晶的产地，其中以江苏东海县最为丰富，其次，在云南和北京西山也有出产少量绿水晶。

6毫米绿水晶手链

5毫米绿水晶手链

    天然绿水晶是极其少见的，现在市面上常见的像绿幽灵、绿发晶等品种，虽然里面包裹着绿色的物质，但水晶本身却是无色透明的。所以，市场上出现的大量绿色透明水晶，颜色基本都是经过处理的，而且多数本身就是合成水晶。

    需要说明的是，现在人工培育出来的绿水晶硬度为 7，颜色从浅绿到深绿色，透明，体内均一纯净，与天然水晶的材质成分相同，在国际标准中没有区别。

8毫米绿水晶手链

绿水晶是公历 5 月的生辰幸运石。至于绿水晶是"幽灵"的说法则来源于西方的理论，而水晶中的绿色金字塔反映出了宇宙的机理，是从无到有，创建根基的原始力量，因此代表了现今社会白手起家的创业者和事业成功人士的奋斗精神，备受人们的追捧。

绿水晶手链的鉴别和选购

要挑选一块好的绿水晶或者一串好的绿水晶手链需要考虑很多因素：

首先，一款好的绿水晶，其晶体的通透度要高，晶体内的棉絮等瑕疵应该非常少。

其次，应该把眼光投到绿水晶的内部。一般来说，绿水晶的形态有金字塔、聚宝盆等几种，当然也有满天星，不同形态的绿幽灵价格不一样。其中，价值最高的当属金字塔形态的绿水晶，其次为聚宝盆，满天星的价值比不上前两款。对于聚宝盆类的绿幽灵，一般以占满晶体一半左右为珍品。

7 毫米绿水晶手链

绿水晶手链的保养

（1）月光照射法：每月的农历十五月圆之夜，是月光最强的时候，也是晒石的好时机。晒石方法非常简单，只要将绿水晶放于露台或窗边，接受月光照射一晚即可。此外，在星光灿烂的晚上，也可以把绿水晶放到星光下，让其吸收星光的精华，以达到净化晶石的效果。

（2）阳光消磁清洗法：将绿水晶放于可被阳光直接照射的位置，如窗台及露台等，照射1~2小时。

绿水晶切面手链

天然绿水晶手链

基本信息

材料质地：绿水晶

规格尺寸：直径 12 毫米

适宜人群：男士、女士

风格特点：简约、百搭、大方、优雅

星语鉴赏

佩戴指数：★★★★★★

抢眼程度：★★★★★★★★★

制作工艺：★★★★★★★★

把玩指数：★★★★★★★

天然绿水晶手链

基本信息

材料质地：绿水晶

规格尺寸：直径 8 毫米

适宜人群：男士，女士

风格特点：简约、大方、优雅

星语鉴赏

佩戴指数：★★★★★★★

抢眼程度：★★★★★★★★★

制作工艺：★★★★★★★★★

把玩指数：★★★★★★★

7 毫米粉晶手链

粉晶

粉晶又称玫瑰水晶或芙蓉石，是石英的一种，为著名的爱情宝石，因里面含有微量的钛元素而呈粉红色。如果长时间接受阳光曝晒，会使其失去原来娇嫩的色泽，常见的人工补救方式就是染色。

粉晶簇是一种形状特别的粉晶，从不透明到半透明的都有，也有人将颜色较淡较透的粉晶簇称为红水晶。不过，粉晶簇大部分都是柱身相黏，至晶柱尖端才会分开，十分少见。

108 颗粉晶手链

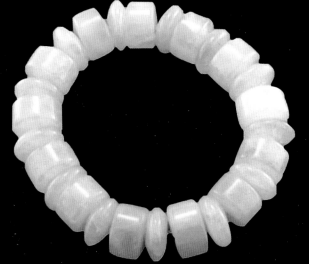

粉晶手链

粉晶的种类：

一、传统粉晶

传统粉晶产量较多，内部常有白色石纹、天然云雾或天然冰裂纹，并且不透明，价格相对便宜。

二、现代粉晶

和传统粉晶相比，现代粉晶有一定透明度，以晶体质感圆润、色泽娇嫩为价值判断标准。好的粉晶不带任何白色石纹，其色泽娇嫩，明亮而灵动，晶体表面会呈现如水分般饱满甚至油脂般光滑温润的质地。

三、冰种粉晶

冰种粉晶的通透性非常高，像冰一样通透沁凉，品相好的冰种粉晶还会带粉嫩质感，很多时候内部会出现较少的天然云雾或天然冰裂纹。

四、星光粉晶

星光粉晶，是指没有石纹、裂纹的粉晶。星光粉晶最常见的是粉粉白白的质感，但太过明显的话却又在视觉效果上打了折扣。因此，质地不浑浊，具有明显星芒，具有明显可辨别的粉红色温润光泽的星光粉晶，才是最好的选择。

星光粉晶手链

粉晶手链的鉴别和选购

8毫米粉晶手链

粉晶手链的鉴别和选购主
要从以下4个方面入手：

一、看选料

一件好的粉晶手链，应该
看不到星点状、云雾状和絮状分
布的气液包体，并以质地纯净、
光润、晶莹为好。如果在粉晶当
中发现深浅不一的断裂纹或者
斑点，则说明该件产品为次品。

二、看做工

粉晶手链的制作工艺分为
两种，即磨工和雕工：水晶

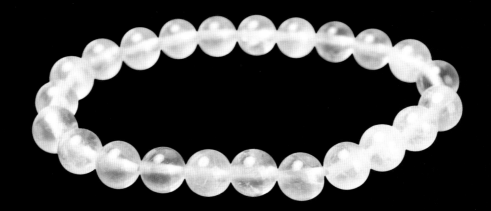

粉晶细珠手链

像、内画鼻烟壶等属于雕刻品。一件做工精细的粉晶制品应考究精细，工艺不仅要能充分展现出水晶制品的外在美，而且还应最大限度地挖掘其内在美。

三、看抛光

粉晶手链的抛光好坏，直接影响着水晶制品的身价。在加工过程当中，粉晶必须经过金刚砂的琢磨，在这个过程中，粗糙的制作会使水晶表面存在摩擦的痕迹。好的粉晶制品，应该具备比较好的自然透明度和光泽。

四、看染色

现在，市场上的一些商家为了让粉晶的颜色好看，常常采用一些工艺为粉晶染色（染色会破坏粉晶的磁场）。在自然光，白底的条件下，粉晶颜色浅的就不是染色水晶。

10毫米粉晶手链

粉晶手链的保养

粉晶手链的保养非常讲究，在此特意和大家分享一下保养技巧：

一、避免暴晒

避免粉晶在阳光下暴晒，应该把粉晶放在阴凉的地方以保持其本身的润泽。

二、保持清洁

不要让粉晶沾染上灰尘和脏污，应该经常用柔软布料清洁灰尘。最好的办法就是多盘玩粉晶，人体表面的油脂比较丰富，能让粉晶吸入石中。这样一来，时间一长，粉晶就会更加温润。

三、日常保养

保养粉晶并不是用什么油都可以的，不同的季节应该采用不同的白油来保养，不可采用颜色较深的油进行保养。买回来的油，应该放在阳台上暴晒一天，以此来保证油的纯正。正常情况下，应该每周保养一次。

粉晶手链

基本信息

材料质地：粉晶

规格尺寸：不详

适宜人群：女士

风格特点：百搭、大方、优雅

星语鉴赏

佩戴指数：★★★★★★★★

抢眼程度：★★★★★★★★

制作工艺：★★★★★★★★

把玩指数：★★★★★★★★★

温润细腻——珍珠手链

珍珠是大自然中的生物多年孕育而成的璀璨结晶，每一颗都具有独一无二的颜色、光泽、尺寸和形状，同时也是首饰制作者所钟爱的最美丽、最令人惊奇的珠宝之一。珍珠可以用于各种式样的首饰设计之中，它的灵活多变、可塑性和独特魅力，赢得了全世界首饰消费者持久的认可与喜爱。

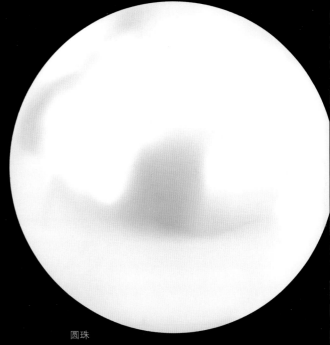

圆珠

珍珠的形成原因

一、外因

蚌的外套膜受到异物（砂粒、寄生虫）侵入的刺激，受刺激处的表皮细胞以异物为核，陷入外套膜的结缔组织中，陷入的部分外套膜表皮细胞自行分裂形成珍珠囊，珍珠囊细胞分泌珍珠质，层复一层把核包裹起来即成珍珠。这样以异物为核的珍珠被称为"有核珍珠"。

二、内因

外套膜外表皮受到病理刺激后，一部分进行细胞分裂而后发生分离，随即包裹了自己分泌的有机物质，同时逐渐陷入外套膜结缔组织中，形成珍珠囊而后形成珍珠。这种没有异物为核的珍珠称为"无核珍珠"。

第一次购买珍珠的人可能都会遇到这样的困惑：在市场上能看到数以百计的珍

珠，且价格悬殊。其实，珍珠之间最大的区别在于它们的生长环境（分为海水珍珠与淡水珍珠）和生长方式（相应划分为天然珍珠和养殖珍珠）。海水珍珠是由海洋中贝类生物所产出的珍珠，一般品质较好，比淡水珍珠价格高。淡水珍珠主要生成于江河湖泊中的蚌类生物之中，形状比海水珍珠更不规则而富有变化。

珍珠的分类

一、按生长环境分类

1.海水珍珠的类型

（1）伊势海珍珠

这种珍珠产自于日本伊势海地区的贝类，通常为圆形，其自然体色主要有浅粉、白色和淡黄等颜色，同时具有绿色和蓝灰色的伴色。伊势海珍珠常常与日本联系在一起，尤其是这类珍珠中那些直径超过 7 毫米的珍珠。此外，中国、韩国和斯里兰卡等国也出产尺寸小一些的伊势海珍珠。

伊势海珍珠耳坠

大溪地金色海洋珍珠手链

（2）南洋与大溪地珍珠

这种珍珠是在大型的贝类生物白蝶珠母贝体内培育养殖而成的，通常需要比伊势海珍珠更长一些的生长时间，它们的颜色主要有白色（略带玫瑰色或绿色）、绿色、蓝灰色、金色和淡黄色等。深色的南洋珍珠的表面光泽比浅色的要更为强烈，金色的南洋珍珠现在非常受欢迎，价格也很高，白色中带有玫瑰色的这种珍珠也是如此。南洋珍珠是所有养殖珍珠中颗粒最大的，其价格随着尺寸的增加而不断上扬，其中圆形的又最为稀有昂贵。

黑珍珠手链

（3）黑珍珠

生长于黑蝶珠母贝体内的大溪地珍珠是世界上唯一的天然黑珍珠，其他所有的黑色珍珠都是经过染色而成。这种珍珠的黑颜色既有银黑色，也有暗灰黑色，同时可能伴有粉色或绿色的晕彩。

黑珍珠手链

（4）客旭珍珠

伊势海地区的贝类生物体内在生成大颗粒具核珍珠的时候，其体内会自发生长出其他一些小颗粒珍珠，这就是客旭珍珠。因为这种珍珠是无核生成的，所以实际上也属于天然珍珠，它们具有与伊势海珍珠一样的颜色。在南海和大溪地珍珠所生长的贝体内也会长出客旭珍珠，不过尺寸要更大，长度可超过10毫米。由于这种珍珠的形状生动有趣，常被用来制作珠宝首饰。

2.淡水珍珠的类型

（1）琵琶珍珠

琵琶湖是日本最大的湖泊，也是淡水养殖珍珠的发源地，琵琶珍珠以其良好的品质、光滑的表面和均匀的光泽而闻名。由于当地的贝体对异物有排斥，所以琵琶珍珠通常没有珠核，也由此而形成了一些奇怪的形状，这种珍珠的颜色主要有奶白色、白色中略带玫瑰色、浅橙色、深酒红色和紫罗兰色。目前市场上很多淡水珍珠都被称作琵琶珍珠，其中很多是在中国养殖的，这么做也许是为了便于向顾客进行

客旭珍珠手链

宣传，也能卖个好价钱。

（2）中国淡水珍珠

中国淡水珍珠在外形上与日本琵琶珠非常相像，但使用了珠核。这种养殖珍珠并不使用圆的珠母颗粒作为珠核，而是从别的贝体身上切下外套膜薄片制成需要的形状，然后植入养殖用的贝体之内。它的颜色非常多，主要包括玫瑰色、白色、绿白色、绿色中略带玫瑰色、浅橙色、酒红色和紫罗兰色等。

（3）马鼻珍珠

马鼻珍珠是通过将一个半球形珠核植入贝体的壳与外套膜之间进行养殖，当半球形表面覆盖了一层天然钙质膜（珍珠层）后即被取出，将其中的珠核去除并用填充物将洞孔填上，然后再拼上一块珠母层加工成圆形珍珠。由于马鼻珍珠是人工拼合而成，所以它不像其他种类的珍珠那样经久耐磨，时间长了之后就会出现珍珠层剥落、损伤或褪色。如果马鼻珍珠的四周有边沿，看上去就像一个煎蛋，被称为水泡马鼻珍珠。

（4）水泡珍珠

水泡珍珠是附着在贝体生物的贝壳内部表面上生长而成的，而不是被放置在外套膜里面，它具有和贝壳内部表面一样的彩虹般珍珠层，而背部是平坦的，没有任何珍珠色的覆盖层，又称为见附珍珠。

淡水珍珠双层手链

（5）籽珍珠

籽珍珠是直径不超过2毫米的小颗粒天然珍珠，由于它的颗粒很小，因此这种珍珠通常都在那些劳动力低廉的国家进行钻孔和穿线。同时因为籽珍珠的尺寸太小，摆弄起来费时费力，

珍珠银饰手链

异形珠

所以人们购买之后都不愿意重新穿线。

二、按形状分类

（1）圆珠

正圆珠圆度最好，商业上也俗称为走盘珠，最大直径和最小直径之差与平均值之比小于 1%；圆珠是很圆的珍珠，直径差的百分比在 1%~5% 之间；近圆珠是形态上比较接近圆珠的珍珠，直径差的百分比在 5%~10% 之间。

（2）椭圆珠

椭圆珠是指形态为椭圆形状的珍珠，长短直径比大于 10%。按长短直径差百分比可分为长椭圆和短椭圆：长椭圆直径差的百分比大于 20%；短椭圆长短直径差的百分比为 10%~20% 之间。

（3）扁形珠

扁形珠是指形态为扁平面形，有一面或两面近似平面状的珍珠。

（4）异形珠

当两颗或多颗珍珠在生长过程中碰巧结合为一体时，就会形成双核或多核的异形珍珠，有时候是由于贝体内放入了特殊形状的珠核而形成异形珍珠。除此外，双色珍珠也属于异形珍珠。因为异形珍珠较为稀有，所以它们一般用于一次性的设计和加工中。

（5）纽扣形珍珠

纽扣形珍珠的生长形成方式与马鼻珍珠相似，通常用于制作耳环，通过在珍珠上钻孔并插入金属耳钉将其固定，纽扣形珍珠同样也能被穿成串珠。

（6）水滴形珍珠

水滴形珍珠的生成几乎和正圆形珍珠一样的困难，通常这种珍珠的外形越对称，其价格就越高。优质的水滴形珍珠不仅要平滑、匀称，还必须比例适宜、协调。小颗粒的水滴形珍珠相对容易看到，而直径超过8毫米的就很少见了。

（7）米粒形珍珠和土豆形珍珠

米粒形珍珠主要产自中国的淡水水域，此种珍珠生产的速度很快，但由于养殖周期太短，直接导致那些米粒形珍珠形成了表面皱起的不规则外形。土豆形珍珠的尺寸比较大，但光泽较差，通常表面环绕着凸起的线纹，不过能够被磨平去除。

金色珍珠银饰手链

（8）人为加工的珍珠形状

人为加工而成的四分之三个珍珠或半个珍珠主要用于镶嵌在预制的钉式耳环或戒指上，当它们被镶嵌在金属配件上之后，这些珍珠看上去一般为正圆形。

珍珠手链的鉴别和选购

在挑选珍珠手链的时候，一般需要注意下面几点：

一、光泽

日常生活当中常听到人们说"珠光宝气"，而珍珠的光泽就是这里所说的"珠光"。珍珠如果没有了光或者少光，就会缺少灵气。看珍珠的光的时候，应该将珍珠平放在洁白的软布上，能看到珍珠流溢出温润的光泽；而迎着光线看，好的珍珠可以看到其发出的七彩的虹光。

二、圆度

"珠圆玉润"，这是人们耳熟能详的一个词，并且它十分符合中

珍珠玛瑙手链

七星拱月珍珠手链

海洋珍珠双层手链

国人的审美标准。大颗粒圆珍珠，显现出如圆月的美感，再配合良好的光泽，则能够营造出朦胧的意境美。

三、瑕疵

通常来说，表面痘、斑、印、坑、点越少的珍珠越好。最好的珍珠能够达到100%的表面光滑，肉眼近看看不出瑕疵。

四、大小

"七分为珠，八分为宝"，6毫米以下的珍珠，一般不被列入珠宝级珍珠的范畴，7～9毫米的珍珠最受消费者喜爱，10毫米的珍珠已经很难得，11毫米以上的则只有南洋珍珠和黑珍珠。越往上，珍珠数量就越稀少，价格也相应增长。

五、颜色

颜色主要依个人喜好选择。一般来说，白色比较时尚优雅，黑色神秘高贵，粉色纯洁浪漫，金色华贵雍容。

珍珠手链的保养

珍珠手链的保养，应该注意以下 7 个方面：

一、防酸、碱等化学品侵蚀

为了不使珍珠失去原有光泽，应该避免珍珠接触酸性、碱性物质及其他化学品，如香水、肥皂、定型水等。

二、远离厨房

珍珠表面有很多微小的气孔，因此不宜接触空气中的污浊物质。佩戴珍珠手链煮饭或做菜，蒸汽和油烟都可能渗入珍珠，令其发黄。

10 毫米珍珠菱形坠手链

珍珠配黑曜石手链

10 毫米珍珠手链

三、羊皮或绒布擦拭

每次把珍珠手链从手上摘下来，必须将珍珠擦拭干净后再放好，以保持珍珠光泽。最好用羊皮或细腻的绒布擦拭，勿用面纸，因为有些面纸的摩擦会将珍珠磨损。

四、不近清水

在日常保养当中需要格外注意一点，就是不用水清洁珍珠手链。水一旦进入珍珠的小孔内，就很难抹干，可能还会令珍珠里面发酵，珍珠手链上的线也可能转为绿色。

五、需要空气

不要把珍珠手链长时间封闭在密闭的空间当中，珍珠需要新鲜的空气。因此，每隔一段时间就应该把珍珠手链拿出来佩戴，让上面的珍珠呼吸。

六、避免暴晒

由于珍珠当中含有一定的水分，因此应该把珍珠放在阴凉处，尽量避免在阳光下直接照射，以免珍珠脱水。

七、防硬物刮

珍珠手链应该单独存放，以免其他首饰刮伤珍珠皮层。

精圆黑珍珠项链

基本信息

材料质地：黑珍珠

规格尺寸：直径 13 毫米

适宜人群：女士

风格特点：简约、百搭、大方、优雅

星语鉴赏

佩戴指数：★★★★★★★★★★

抢眼程度：★★★★★★★★★

制作工艺：★★★★★★★★★

把玩指数：★★★★★★★

石榴石手链

爱情之石——石榴石手链

　　石榴石晶体和石榴子的形状、颜色格外相似，因此被称为石榴石。

　　在市场上，最常见的石榴石主要为红色，但其色系实则种类很多，足以涵盖整个光谱的颜色。按照化学成分来划分，常见的石榴石主要有 6 种，分别为红榴石、铁铝榴石、锰铝榴石、钙铁榴石、钙铝榴石及钙铬榴石。不同种类的石榴石有着不同的颜色，包括红、橙、黄、绿、蓝、紫、棕、黑、粉红及透明。其中，最罕见的当属蓝石榴石。蓝石榴石于 20 世纪 90 年代后期在马达加斯加的贝基利首先被发现，

富贵长命石榴石手链

此外，在美国的部分地区、俄罗斯及土耳其也有其踪影。

人们使用石榴石的年代十分久远，早在青铜时代石榴石就已被广泛使用。当时，古埃及人开始用石榴石来装饰服装。公元前4世纪，古希腊已经有以石榴石装饰的手镯。6世纪时，在一个法兰克人墓穴当中，人们发现一个以石榴石装饰的夹发针。在16世纪，石榴石被认为可以保护心脏免受毒素及瘟疫影响。到了19世纪后期，以石榴石装饰的手镯及胸针已经特别普遍。

几千年来，石榴石一直被认为是信仰、坚贞和纯朴的象征。此外，人们还把石榴石磨成粉末，用作染色剂。后来，人们还相信它有治病救人的功效。据说，用于治病的红色石榴石可以用来退烧，黄色石榴石是治黄疸病的良药。当然，这些都是传闻，不足为信。

对于旅行者来说，佩戴石榴石手链是最好的选择。据说，石榴石能够保护荣誉和增强健康，特别是它可以确保旅途中平安无事，免受惊险之事的困扰，所有这一切，意义都是非凡的。

石榴石手链的鉴别和选购

石榴石，也叫石榴子石，我国珠宝界又将其称为"紫牙乌"。人们对于石榴石的喜爱与崇拜，不仅是因为它的美学装饰价值，更重要的是人们相信它具有一种不可思议的神奇力量，能使人逢凶化吉、遇难呈祥，可以永葆荣誉地位，并具有重要的纪念意义。下面就为大家介绍一下石榴石的鉴别方法：

（1）鉴别石榴石最佳、最简单的办法就是看颜色，虽然石榴石是非常普通的宝石，但有些颜色的石榴石甚是少见，物以稀为贵，价值自然也就上去了。在众多颜色的石榴石当中，翠绿色石榴石最为名贵。

（2）不同类别的石榴石，不仅颜色不同，折光率、比重和硬度也有一定的差别。不过，所有的石榴石都是等轴晶系单折射宝石，因此没有二色性和偏光性。

（3）不论哪一类石榴石，都会存在一定的瑕疵或结晶包裹体，而人造玻璃则往往干净纯粹。不同的石榴石有着不同的特征，如翠榴石往往有马尾状的纤维包裹体。

（4）如果石榴石颜色呈酒红色，晶体通透，透过光基本看不到有杂质并且光泽度很好，价格低廉，这时候就应该警惕是不是仿货。

石榴石细珠手链

未加工的石榴石

石榴石手链的保养

购买到一条心仪的石榴石手链，必定希望它能够和自己长久相处。因此，如何保养石榴石手链就显得格外重要。

一、防止碰撞

因为石榴石手链本身比较光润，因此在佩戴的过程当中一定要格外小心，不能

9毫米天然石榴石手链

108 颗石榴石手链

让其触碰到坚硬的东西，以免刮花，使得石榴石表面不再光滑。

二、避免和酸、碱接触

石榴石的主要成分是二氧化硅，这种物质能够和酸、碱发生化学反应。因此，石榴石手链应该远离酸性、碱性物质。

三、避免暴晒

石榴石虽然坚硬，但不宜暴晒，因为暴晒会使石榴石产生裂纹。

四、防氧化

为了防止石榴石表面被氧化，应该在石榴石手链表面涂一层指甲油作为保护层。

五、定期清洗

由于石榴石手链长时间暴露在外部环境中，因此每佩戴一段时间之后，就应该清洁一下。

编织石榴石手链

天然石榴石三圈手链

基本信息

材料质地：石榴石

规格尺寸：直径 10 毫米

适宜人群：女士

风格特点：简约、时尚、百搭、优雅

星语鉴赏

佩戴指数：★★★★★★★★

抢眼程度：★★★★★★★★

制作工艺：★★★★★★★★★★

把玩指数：★★★★★★★

酒红石榴石手链

基本信息

材料质地：石榴石

规格尺寸：直径 10 毫米

适宜人群：女士

风格特点：时尚、大方、休闲、优雅

星语鉴赏

佩戴指数：★★★★★★★

抢眼程度：★★★★★

制作工艺：★★★★★★

把玩指数：★★★★★★★

黑曜石手链

黑色金刚——黑曜石手链

　　黑曜石又名天然琉璃，是日常生活当中最常见的一种黑色中低档宝石，为一种自然产生的琉璃。黑曜石主要是由于火山熔岩迅速地冷却凝结而形成的，因为熔岩流外围冷却的速度最快，所以黑曜石通常都是在熔岩流外围发现。一般情况下，我们看到的黑曜石都为黑色，但也可见棕色、灰色和少量红色、蓝色甚至绿色的。

　　黑曜石常被人用来加工成工艺品。此外，因黑曜石具备玻璃特性，敲碎后断面呈贝壳断状口，十分锋利。黑曜石自史前时代以来一直被用来制作工具、武器、面具、镜子和珠宝，这种天然琉璃异常锋利的碎片还常被制成刀刃、箭头和匕首。现在，人们利用黑曜石的特性，用它来制作外科手术用解剖刀的刀片。

　　相较于其他宝石，黑曜石的价格非常便宜。以1000℃以上温度加热后，由于内部含有水分，黑曜石烧却后会变成白色颗粒状，质地疏松多孔，在美国用作土壤改良剂。

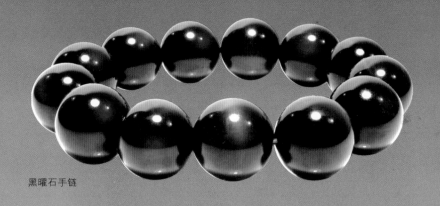

黑曜石手链

黑曜石一般分布在火山活动曾经很活跃的地区，如日本、美国的夏威夷、印度尼西亚的爪哇岛、匈牙利、冰岛、意大利的利帕里群岛、墨西哥、厄瓜多尔和危地马拉等国家和地区。

深黑色单眼的黑曜石则主要分布在美国的亚利桑那州和新墨西哥州，被当

紫色黑曜石手链

蓝色黑曜石手链

地的印第安人称之为"阿帕契之泪"。现在，大部分的黑曜石珠宝产自中美和北美地区，黑曜石也是墨西哥的国石。

黑曜石的种类

黑曜石的颜色如太阳的光谱一样多，常见有如下几种：

紫色黑曜石——黑曜石颜色种类里面最多的，占总颜色比率的30%。

绿色黑曜石——占黑曜石颜色比率的25%。

蓝色黑曜石——占黑曜石颜色比率的1.2%，算是比较稀有。

红色黑曜石——占黑曜石颜色比率的3.3%。

深蓝色黑曜石——占黑曜石颜色比率的4.2%。

天蓝色黑曜石——占黑曜石颜色比率的0.53%，算是比较稀有。

金色黑曜石——占黑曜石颜色比率的0.07%，是比较稀有的。

黑曜石里面占黑曜石总量的百分比低于1%的，基本都算是稀有的黑曜石品种。

黑曜石手链的鉴别和选购

对于黑曜石手链的鉴别，需要分类别，不同的类别，有不同的方法：

一、普通无彩虹光黑曜石

这类黑曜石在强光下对着光看珠子仍然是黑色，并无任何反光。目前市场上很少有此类假货，但也有不良商家以染色玻璃充当或以低劣黑石充当，这两类假货对非行家来说分辨难度非常大，最好的办法是少接触无彩虹光黑曜石。

二、彩虹眼

这类黑曜石在对着强光的时候能够看到或绿色或紫色或黄色的反光，此类黑曜石为质量比较好的。彩虹眼是针对黑曜石圆珠来说的。手链或一些小件如黑曜石葫芦，彩虹眼为同心圆状。

三、金曜石

金曜石比较稀有，市场价值也高点，其特征为在光下能看到金沙密布的一片

冰种黑曜石

金色光芒。

四、冰种黑曜石

冰种黑曜石分两种：一种是无彩虹光的半透明黑曜石，购买这类冰种黑曜石一定要有权威鉴定证书；另一种就是冰种彩虹眼的半透明黑曜石。冰种黑曜石属于新生事物，所以现在很多人还不是非常了解。

彩虹眼手链

黑曜石手链的保养

黑曜石是市场上最常见，也是相对较为廉价的宝石之一，因此受到不少手链爱好者的青睐。现在，走在大街上，经常能够看到佩戴黑曜石手链的人。很多人觉得黑曜石档次低，因此不需要保养。其实，黑曜石也是需要保养和细心照料的。下面就为大家介绍一下黑曜石手链的保养方法：

一、避免与硬物碰撞

黑曜石的硬度虽高，但是很容易在碰撞之后产生裂纹，这样不仅会损害其完美程度，还会影响其经济价值。黑曜石的主要成分是二氧化硅，和玻璃相同，因此在佩戴黑曜石手链的时候不可与金属硬物碰撞和摩擦，否则会出现划痕，严重的甚至会破裂。

天然黑曜石手链

八面来财黑曜石磨砂手链

二、尽可能避免灰尘

在佩戴过程中，应该尽量避免黑曜石手链沾染灰尘。如果黑曜石不小心沾染上灰尘，应该用软毛刷清洁；若有污垢或油渍等附于黑曜石上，可以用柔软的布擦拭。

三、不用时要放妥

在不佩戴黑曜石的时候，最好将其放进首饰袋或首饰盒内，以免碰损、擦花。

四、避免和化学物品接触

不应让黑曜石接触化学药品或者其他化学液体，避免黑曜石受到腐蚀，影响美观程度。

五、经常清洗

黑曜石手链佩戴一段时间之后，就应该及时清洗一下。清洗的时候，可以加一些盐。此外，要用清洁、柔软的白布抹拭，不宜使用染色布、纤维质硬的布料。

黑曜石六度六合寅亥手链

基本信息

材料质地：黑曜石

规格尺寸：直径 14 毫米

适宜人群：男士

风格特点：时尚、百搭、休闲、优雅

星语鉴赏

佩戴指数：★★★★★★

抢眼程度：★★★★★★★★

制作工艺：★★★★★★★★

把玩指数：★★★★★★★★

天然黑曜石手链

基本信息

材料质地：黑曜石

规格尺寸：直径 14 毫米

适宜人群：男士

风格特点：简约、时尚、大方、优雅

星语鉴赏

佩戴指数：★★★★★★★

抢眼程度：★★★★★★★★★

制作工艺：★★★★★★★★

把玩指数：★★★★★★★★★★

东方绿宝石——绿松石手链

　　绿松石是中国四大名玉中最具宗教色彩的玉石，也是古董收藏者较为钟爱的宝贝。绿松石常与高岭石、石英、云母、褐铁矿、磷铝石等共生，高岭石、石英、褐铁矿等在共生矿中的比例将直接影响绿松石质量。绿松石以不透明的蔚蓝色为主要颜色，也有淡蓝色、蓝绿色、绿色、浅绿色、黄绿色、灰绿色、苍白色等颜色，其中以天蓝色的瓷松（犹如上釉的瓷器）为最优。绿松石如有不规则的铁线，则其品质就较差了。白色绿松石的价值较之蓝、绿色的要低。在块体中有铁质"黑线"的称为"铁线绿松石"，在国外则称"蓝缟松石"。湖北郧县是中国最优质绿松石的

绿松石椭圆形圆珠手链

椭圆形圆珠绿松石手链

产地，该地所产绿松石的颜色可以达到鲜艳的蓝色，质地虽很难达到瓷松的品质，但也算得上是优质绿松石了。

绿松石的特性

（1）绿松石质地并不均匀，颜色深浅不一，常含有浅色条纹或褐色、黑褐色的纹理和色斑，宝石学专业称其为铁线，是由褐铁矿和炭质等杂质聚集而成，这也是鉴定绿松石的重要特征。

（2）绿松石在绿色、蓝色的基底上常可见一些细小且不规则的白色纹理和斑块，它们是由高岭石、石英等白色矿物聚集而成的。

（3）光泽与透明度：绿松石多呈蜡状光泽、亚玻璃光泽，一些浅灰白色的绿松石可具土状光泽。

108 颗绿松石配砗磲手链

（4）折射率：1.61～1.65，一般情况下在1.62左右。

（5）一般摩氏硬度为5～6，绿松石的硬度越低，孔隙就越多，越具备吸水和易碎的缺点。因此，汗渍、污渍、油渍、铁锈、茶水、化妆品等均可能顺孔隙进入绿松石内，导致难以去除的变色。

（6）绿松石的密度也有较大差别，孔隙多的质地疏松，孔隙少的致密坚硬。

（7）少数绿松石样品中可以见到微小的蓝色圆形斑点，这是绿松石因沉积作用而形成的。

绿松石超细珠配银饰手链

8毫米绿松石手链

（8）发光性：绿松石在长波紫外线照射下有淡黄绿色到蓝色的荧光，短波紫外线照射下荧光不明显。X射线照射下也无明显的发光现象。

（9）吸收光谱：绿松石在蓝区420纳米处有一条不清晰的带，432纳米处有一条吸收带，有时于460纳米处有一条模糊的带。

（10）热学性质：绿松石遇热通常会爆裂成碎片，变为褐色，火焰下呈绿色。

绿松石手链的鉴别和选购

绿松石手链的鉴别和选购一般从以下几个方面入手：

一、从特征方面来辨别

优质的绿松石在50倍的放大镜下观察，是看不见晶体的，只有在3000倍电子显微镜下观察，方能看到清晰的颗粒界限及基质中的深蓝色颗粒，针状小晶体1～5微米，质地非常细腻，抛光面上好似上了釉的瓷器。劣质绿松石硬度弱，质

地粗糙，孔隙多。

二、观看颜色

绿松石有浅蓝、中等蓝色、绿蓝色、绿色等多种颜色，颜色斑驳，有暗色斑点和纹理（绿松石的纹理俗称铁线）。优质的绿松石多为天蓝色、淡蓝色、绿蓝色等，在颜色均一的块体上有分布不均的白色条纹、斑点或褐黑色铁线。

三、铁线检验法

由于天然绿松石的组成非常复杂，铁线就成为鉴定绿松石的一项重要标准。如果是天然绿松石，我们观察表面铁线，比较有立体感，由于是自然产生，铁线有粗有细，且分布的情形也有疏密方面的不同，具有天然的真实美感；合成绿松石的铁线用手摸会感到平滑，没有立体感，铁线的粗细差不多，且看起来的感觉较不自然。

四、成分检验法

天然绿松石杂质较多，如高岭石、埃洛石等黏土矿物，它们常集结成细小的斑块和细脉充填于绿松石间。天然绿松石中还可见到石英微粒集结成的团块，以及褐

绿松石三层手链

铁矿和炭质所形成的黑褐色纹理和色斑。而吉尔森合成绿松石成分较均一。

五、表面观察法

因为合成材料硬度不高，所以合成的绿松石表面过一段时间就会出现绿蓝色的碎屑状物质，并有裂纹。

六、放大观察法

合成绿松石结构单一，放大镜下会见到大量均匀分布的蓝色球形微粒，而天然绿松石具细粒结构，常见角砾状碎斑状结构。

绿松石手链的保养

（1）大多数绿松石都有很多孔隙，会吸收擦手油、润唇膏和香水等，在我国的传统工艺中，会在绿松石的表面涂上一层石蜡，以增加绿松石的色泽，同时也起到了保护绿松石的作用。但在佩戴时仍应注意汗迹等，避免与化妆品和皮肤油脂过多接触，以免腐蚀绿松石饰品。还要避免与茶水、饮料、肥皂水、酒精和铁锈等接触，以防污物顺孔隙渗入绿松石使之变色。

（2）绿松石颜色娇嫩，怕高温，因而应避免将绿松石置于高温环境和阳光直射的地方，因为长时间曝晒会使绿松石因失水而产生裂纹和褪色，过高温度的烘烤会使绿松石变碎易脆。尽量将绿松石储存在阴凉干爽处，并于佩戴后用清水洗净，擦干保存。

（3）绿松石手链硬度较小，在佩戴和保存时都应避免和其他硬度大的首饰或物品相碰撞。不要把绿松石放入超声波清洗机中清洗，一方面有孔的绿松石会吸收溶液使自身褪色；另一方面超声波振动时绿松石会和其他珠宝相接触，无论有孔的还是致密的绿松石表面都可能受到破坏。

蓝绿松石男士手链

基本信息

材料质地：绿松石

规格尺寸：直径 8 毫米

适宜人群：男士

风格特点：时尚、百搭、大方、优雅

星语鉴赏

佩戴指数：★★★★★★★

抢眼程度：★★★★★★★

制作工艺：★★★★★★★

把玩指数：★★★★★★★

第四章
雅韵天成——琥珀、玛瑙手链

5 毫米 108 颗琥珀手链

地球之星——琥珀手链

　　琥珀是世界上最富趣味的宝石，也是世界上已知宝石种类中最轻的宝石，是大自然赐予人类的天然珍贵宝物。它是 4000 万 ~6000 万年前的远古珍贵针叶树木的树脂，由于地壳的剧烈变动而深埋在地下，再历经地球岩层的高温高压作用之后，逐渐演化而成的一种珍贵的天然树脂化石。其间历尽沧桑，凝聚千万年大自然的灵气与精华，它的美丽与神奇，每每予人一番惊喜，享有"地球之星"的美誉。

　　自古以来琥珀便为世人所喜爱，认为它能够驱除病魔，且不分疆界、种族、阶级、文化、宗教和时代背景，均对琥珀赞赏有加，视为宝物。在欧洲，琥珀是欧洲人的传统宝石，是欧洲文化的一部分，与金、银一样贵重，古代只有皇室与贵族才能拥有。在中国，琥珀也被视为珍宝，在佛经中与金、银、琉璃、玛瑙、珊瑚、珍珠等并列为七宝，佛家认为它具有来自佛教净土的神奇力量，能保佑幸福、健康长存，并视其为通灵法宝、吉祥圣物。

琥珀的分类方法很多，但商家一般按照琥珀的颜色分为 5 类：

（1）蜜蜡：不透明的黄色琥珀。

（2）金珀：金黄色。

（3）血珀：深红色。

（4）花珀：白黑相间。

（5）蓝珀：蓝色。

蓝珀只产于中美洲的多米尼加，产生原因是火山爆发时的高温使琥珀变软，并使附近的矿物融入其中，冷却后琥珀再次成形。蓝色琥珀极其罕见，由于产量极不稳定，并且多米尼加限制出口，所以非常昂贵，也因此市场上的蓝色琥珀大都是假的。

16 毫米琥珀手链

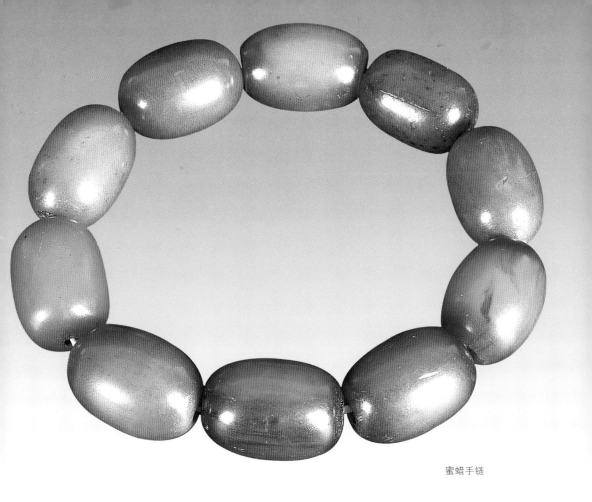

蜜蜡手链

蜜蜡

  蜜蜡的比重在 1.05~1.10 之间，仅比水稍大，为珍贵的装饰品。

  蜜蜡为非晶质体，部分组织较疏松，而又不含其他矿物杂质。从古至今，蜜蜡仅在中国就有着好几个不同的称呼，如虎魄、琥珀、遗玉、珀、蜜蜡、顿牟、江珠、育沛和红松香等。

  天然蜜蜡颜色单一，仅有深浅不同的黄、红，很难看到其他颜色。一般而言，人们习惯把半透明至不透明的琥珀叫蜜蜡。蜜蜡可谓是大自然赐予人类的天然宝物，其形成一般要经过千万年，其间历经的沧桑为它增添了无数瑰丽的色彩。

  蜜蜡很神奇，几乎世界上再难找到与之雷同的物质。蜜蜡制品，仿佛每一件

10 毫米天然蜜蜡手链

都是独一无二的。蜜蜡的美丽和神奇常常能给人一番惊喜，再加上蜜蜡肌理细腻，触手温润、熨帖，更让无数人喜爱。

蜜蜡属于有机类矿物，肌理细腻，色彩缤纷，价值较高。

16 毫米天然蜜蜡手链

现在市场上最常见的蜜蜡当属波罗的海以及北欧地区的黄色蜜蜡。这些地方的蜜蜡，黄色部分呈现出半透明状态。相对而言，那些真正珍贵的蜜蜡出产于中东（如阿富汗、伊朗等），以及缅甸、巴基斯坦和非洲。这些地方的蜜蜡，历史多在四五千万年以上，甚至有1亿多年的，数量非常稀少，因此极具收藏价值。

蜜蜡因产地的不同而有很多个品种，色彩富丽且变化神奇，美态与魅力同在，非常符合人们的喜好和需求。

蜜蜡手链的鉴别和选购

根据不少职业收藏家几十年积累下来的经验，蜜蜡手链的鉴别大致可分为下面12种方法：

一、盐水测试法

蜜蜡的密度在1.05～1.10之间，在1∶4（盐∶水）的饱和盐水中，蜜蜡、轻质塑料和树脂均可浮起来，普通塑料、玻璃、压克力和电木则下沉。

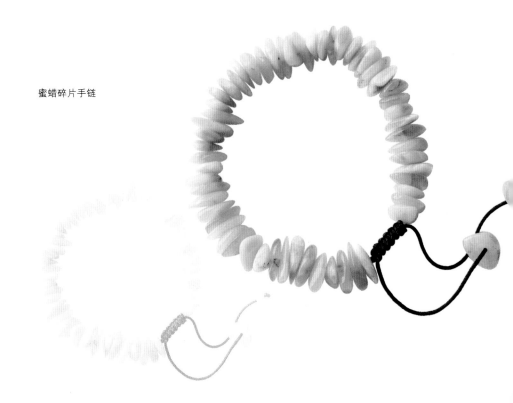

蜜蜡碎片手链

200

二、热试验

将一根烧红的针刺进蜜蜡的不明显处，会闻到淡淡的松香味道。

三、刀削针挑试验

用锋利的刀削，蜜蜡会被削成粉末状，树脂会成块脱落，塑料会成卷片，玻璃则削不动。用硬针与水平线成 20～30 度角刺蜜蜡会有爆碎的感觉。反之，如果是硬度不同的塑料或其他物质，要么扎不动，要么扎进去以后有很黏的手感。

四、借助指甲油的药水检验法

可用棉签蘸点指甲油，然后反复擦拭琥珀表面，真蜜蜡没有明显变化。虽然塑料也不会有明显变化，但是树脂和柯巴脂因为没有石化就会被腐蚀而产生有黏性的坑。

五、凭手感品鉴

蜜蜡是中性有机宝石，因此夏天不会很热，冬天不会很凉，反而很温和。仿制品则达不到这样的效果。

六、眼观鳞片

一些蜜蜡当中会有漂亮的荷叶鳞片，从不同的角度观察会有不同的感觉，折光度也不会一样，散发出有灵性的光。假蜜蜡鳞片发出死光，且不论从哪个角

10 毫米蜜蜡手链

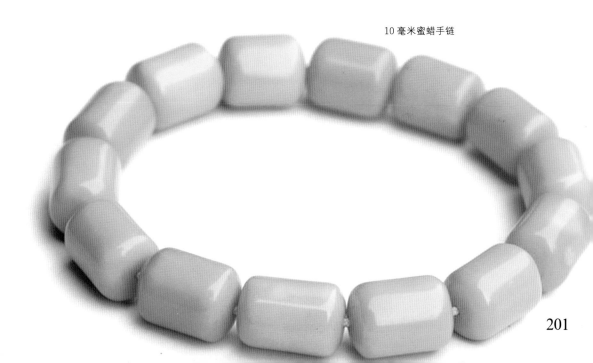

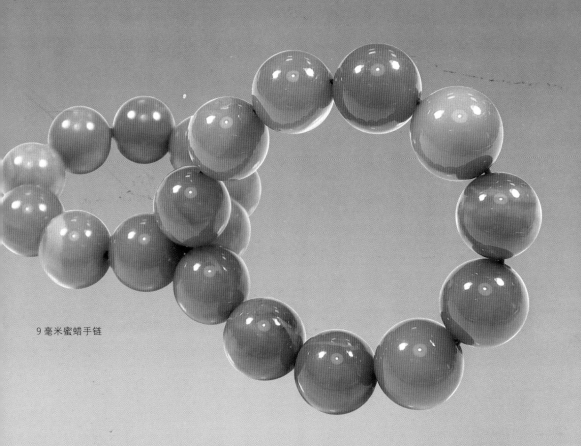

9 毫米蜜蜡手链

度观察都呈现差不多的景象。

七、眼观气泡

蜜蜡当中的气泡多为圆形，压制蜜蜡中气泡多为长扁形。

八、紫外线照射

将蜜蜡放在验钞机下照射，上面会有淡绿、绿色、蓝色、白色等不同荧光。

九、闻香味

蜜蜡在摩擦的时候几乎闻不到香味，只有在灼烧时才能闻到淡淡的松香味。

十、声音测试

无镶嵌的蜜蜡珠子放在手中轻轻揉动，会听到很柔和略带沉闷的声响；反之，如果是塑料或者是树脂制品，则听到的是清脆的声音。

十一、看摩擦时是否带静电

蜜蜡在衣服上摩擦后能够吸附小碎纸屑。

十二、花钱做鉴定

如果用以上方法都无法确定蜜蜡的真假，可拿到 CMA 珠宝鉴定中心去测折射率、密度等。

若有更进一步的要求与讲究，则可观察以下特征：外有脂光，内有精光、宝光；有绢丝、云纹、虎纹、风化纹及冰裂纹；孔道氧化，内芯洒金或爆花；对光反应灵敏，具二向或二向以上色性；色彩美丽、鲜艳，或古朴而不干枯，隐约呈现油润光泽；光影闪耀，似有若无，或出现山川人物等，境界灵奇。再者，如果是珠串，则最好拣选品种、颜色、形状及大小一致的"齐手"货。

蜜蜡手链的保养

蜜蜡手链的保养主要从以下两个方面着手：

一、蜜蜡养护

对于养护蜜蜡来说，佩戴把玩是最好的养护方法；此外，还要注意不要让蜜蜡手链靠近高温的地方，也不要在洗澡、游泳的时候佩戴，更不要接触化学品。

二、蜜蜡消磁

佩戴的蜜蜡手链，应该做到2~3个月净化一次，步骤如下：

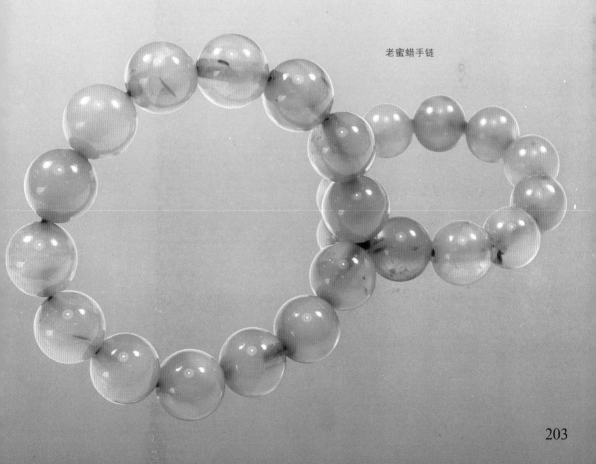

老蜜蜡手链

亮丽蜜蜡手链

（1）取出蜜蜡手链。

蜜蜡手链

（2）按照每颗蜜蜡 10 克御守盐、500 克水配置。整串手链一起净化就增加御守盐量而不增加水的量。不同的人的多串蜜蜡手链可以一起消磁。

（3）把御守盐放在过滤工具里，之后把过滤工具浸入水中。

（4）24 小时后取出手链。

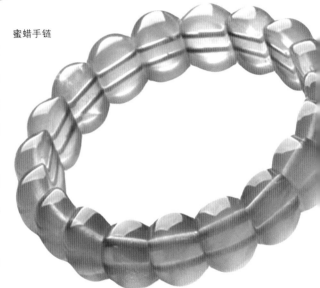

拓展延伸

御守盐由 10 多种矿物组成，每 100 克御守盐的主要成分是蛋白质 0.3 克、碳水化合物 2.3 克、钙 542 毫克、钾 182 毫克、钠 91768 毫克、镁 663 毫克、铁 21.4 毫克、锌 0.65 毫克、铜 0.28 毫克、锰 0.26 毫克、硒 0.1 微克。可以为蜜蜡消磁，增加灵性。

天然鸡油黄老蜜蜡手链

基本信息

材料质地：蜜蜡

规格尺寸：直径 7 毫米

适宜人群：女士

风格特点：百搭、大方、优雅

星语鉴赏

佩戴指数：★★★★★★★

抢眼程度：★★★★★★★★

制作工艺：★★★★★★★★★

把玩指数：★★★★★★★★

天然老蜜蜡手链

基本信息

材料质地：蜜蜡

规格尺寸：直径 11.5 毫米

适宜人群：男士

风格特点：简约、休闲、优雅

星语鉴赏

佩戴指数：★★★★★★

抢眼程度：★★★★★★★

制作工艺：★★★★★★

把玩指数：★★★★★★★

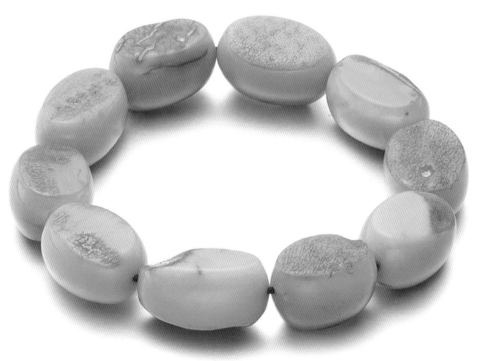

108 颗金珀手链

金珀

金珀，顾名思义也就是金黄色的琥珀，以色之深浅所分的一种琥珀类别。在琥珀当中，透明的琥珀称为琥珀，不透明的琥珀称为蜜蜡。根据这一依据，黄色系的琥珀便被称为金珀。

明朝谢肇淛《五杂俎·物部四》中描述："琥珀，血珀为上，金珀次之，蜡珀最下。"金珀在古代被人称为"财石"，其色彩鲜亮，雍容华贵，象征着富贵之美。

金珀手链的鉴别和选购

（1）天然的金珀质地非常轻，放入清水中会下沉。但是将金珀放入 1∶4 的盐水中，真金珀会上浮，假金珀会下沉。

（2）拿着金珀在皮肤上摩擦时会产生很淡的味道，或根本无法闻出来。

（3）无镶嵌的金珀在轻微的碰撞中会发出一些闷闷的声音，而塑料或树脂的声音会比较清脆。

（4）金珀温润而且很透明，通透性比玻璃、水晶、钻石更为温和。假琥珀通常比较透明或者完全不透明，颜色也会出现发死、发假的现象。

金珀手链的保养

金珀手链的保养一般遵从下面几个原则:

一、避免高温、干燥

金珀的熔点低,易熔化,怕热,怕暴晒,因而应避免太阳直接照射,也不宜放在高温的地方。金珀易脱水,过分干燥易产生裂纹。

4 毫米金珀手链

金珀极细珠手链

二、避免刮碰

金珀性脆，硬度低，不宜受外力撞击，应避免摩擦、刮花，防止破碎、划伤。金珀与硬物摩擦会使其表面出现毛糙，产生细痕，所以不要用毛刷或牙刷等硬物清洗金珀。

三、不宜接触有机溶剂

金珀属有机质，不宜接触有机溶剂，如指甲油、酒精、汽油、煤油、重液等，不宜放入化妆柜中。一般情况下，不要用重液测定其密度和用浸油法测折光率。

金珀编珠手链

金色年华金珀碎片手链

天然金珀圆珠手链

基本信息

材料质地：金珀

规格尺寸：直径 11.5 毫米

适宜人群：男士、女士

风格特点：简约、大方、优雅

星语鉴赏

佩戴指数：★★★★★★★

抢眼程度：★★★★★★★★

制作工艺：★★★★★★★

把玩指数：★★★★★

金珀招财手链

基本信息

材料质地：金珀檀木

规格尺寸：直径 14.5~15 毫米

适宜人群：男士

风格特点：时尚、百搭、优雅

星语鉴赏

佩戴指数：★★★★★★★★★

抢眼程度：★★★★★★★★

制作工艺：★★★★★★★★

把玩指数：★★★★★★

血珀极细珠手链

血珀

血珀是琥珀的一种，因为珀体呈现酒红色、血红色，故取名为血珀。天然血珀产量极少，零星地分布在缅甸、墨西哥、印尼、俄罗斯等地。

成色好的血珀，晶体通透，极少有杂质，触感温润细致，颜色深浅适中，是佩戴、馈赠、收藏之佳品。天然的血珀通明透亮，血丝均匀，但真正透明的血珀非常稀少，并且个体很小，大部分的天然琥珀都含有杂质。此外，波罗的海沿岸的纯天然未经加工的琥珀从不呈现红色，但是却会随着时间的增长，在表面形成一层红色的结痂

108 颗血珀细珠手链

层，但是当将结痂层去除后，里面的琥珀颜色又恢复了原本的浅色。墨西哥血珀和印尼血珀在背光的情况下会呈现出美丽的红色光芒。

血珀手链的鉴别和选购

血珀手链与红晶蜡手链较易混淆，而价值又相差很多，所以在市场上常有"指鹿为马"的情况发生，值得血珀爱好者留意。所谓红晶蜡，是指红色、晶莹、透明或半透明的蜜蜡，红晶蜡较常见，价钱较便宜。

血珀与红晶蜡的区别在于：血珀必通体透明，而红晶蜡则可以是透明和含有绢丝或云纹的；血珀的外表红色看上去较深，垂视略呈黝黑，红晶蜡则没有此种现象，无论内外，仰视或平视、垂视，均通体鲜红；血珀年久会变得外表黝黑，特别是垂视时更显得漆黑，迎视或强光照射，外层的黑色隐去，只见内层的殷红或枣红色泽，而且其芯必为红色或枣红色。

血珀手链的保养

对于血珀手链的保养，一般要注意以下几个方面：

一、避免碰撞刮伤

和其他宝石相比起来，血珀的硬度不是很高，怕摔砸和磕碰，因此

5 毫米血珀手链

应该单独存放；切忌将其与钻石或其他尖锐的、硬的首饰放在一起。血珀与硬物摩擦会使其表面出现毛糙，产生细痕，所以不要用毛刷或牙刷等硬物清洗血珀。

二、避免接近热源

血珀手链非常怕高温，因此不应该长时间将手链暴露在阳光下；此外，倘若空气过于干燥，则易产生裂纹，因此还要注意避免强烈波动的温差。

三、避免接触化学药品

佩戴血珀首饰的时候，千万不要与酒精、汽油、煤油和含有酒精的指甲油、香水、发胶、杀虫剂等有机溶剂接触。否则，血珀会失去原有的光泽。

四、及时清洗

血珀染上灰尘或者汗水后，应该及时把手链放到含有中性清洁剂的温水中浸泡，然后用清水冲净，再用柔软的布擦拭干净。最后，为了更好地保护血珀手链，可在血珀上面涂抹少量的橄榄油或是茶油。

6 毫米血珀三圈手链

拓展延伸

有机溶剂是一类以有机物为介质的溶剂，反之为无机溶剂，溶剂按化学组成分为有机溶剂和无机溶剂。有机溶剂是能溶解一些不溶于水的物质（如油脂、蜡、树脂、橡胶、染料等）的一类有机化合物，其特点是在常温常压下呈液态，具有较大的挥发性，在溶解过程中，溶质与溶剂的性质均无改变。

天然随形血珀手链

基本信息

材料质地：血珀

规格尺寸：直径 9 毫米

适宜人群：男士、女士

风格特点：简约、百搭、大方

星语鉴赏

佩戴指数：★★★★★★★★

抢眼程度：★★★★★★★

制作工艺：★★★★★★★★

把玩指数：★★★★★★★★

精品血珀手链

基本信息

材料质地：血珀

规格尺寸：直径 10 毫米

适宜人群：男士、女士

风格特点：时尚、百搭、优雅

星语鉴赏

佩戴指数：★★★★★★★★★

抢眼程度：★★★★★★★★★★

制作工艺：★★★★★★★★★

把玩指数：★★★★★★★

花珀

　　花珀十分珍贵，具有唯一性和美观性。天然的花珀分三个等级，一级天然花珀白的多（越白等级越高），纹理清晰、连贯，花纹优美连成片；二级天然花珀发黄，纹理清晰、连贯，花纹一般；三级天然花珀黑多白少，纹理连贯，花纹普通。

　　天然花珀从构成上分为硬料和软料，依价值论硬料价值高于软料。花珀的成因不详，可能是高温形成（现在烤制的花珀就是把普通琥珀高温加热后形成的），也可能是别的树脂（柏树、杉树、蕨类、桃树等）混合形成。

天然花珀的种类

　　天然花珀从形态上分为象牙白料、火掌子料、水骨花珀料、普通花珀料。

　　（1）象牙白料：象牙白花珀存世量很少，能做成象牙白的手串更稀少，象牙白大料市场上基本见不到，大都被琥珀收藏家珍藏。

6 毫米天然花珀手链

6 毫米花珀超细圆珠手链

天然花珀扁珠手链

（2）火掌子料：是琥珀形成时经过几千万年的高温，慢火烤成，颜色偏黄，但是有古朴的韵味，不同于人工烤制（肉眼可见金星）。

（3）水骨花珀料：水骨料依照花珀的颜色及琥珀纯净程度和包含程度决定其价值。

（4）普通花珀料：在市场上可以见到，但是随着时间的推移会逐渐减少，价格也会逐渐递增。

花珀手链的鉴定

（1）天然花珀与压制或烤制花珀最主要的区别在内部花纹上，因此要仔细鉴别花纹图案。一般来讲，压制花珀内含花纹断层很多，花纹之间没有连贯之感，因此也不会连成一片，而且有些花纹颜色不一样。烤制花珀还有一个明显的特征，在 10 倍放大镜下观察，可以清晰地看到金星状结构。

（2）以波罗的海琥珀为原料压制的花珀与抚顺天然花珀有明显区别，很容易鉴别出来。波罗的海压制花珀的色彩一般为灰白色，而抚顺花珀色彩为白色。

8 毫米蓝珀手链

蓝珀

蓝珀被美洲的多米尼加共和国称为国宝。多米尼加共和国也是蓝珀的唯一产地。蓝珀来自于 3000 万年前的豆科类植物树脂，其特殊的蓝色成因众说纷纭。

整体上，蓝珀多为淡黄色，对光的时候表面呈现出蓝色；这种蓝色，在太阳光或者白光下显得更为耀眼，且蓝色会随着光照射角度的变化而发生移动。

蓝珀原本是普通的琥珀，数千万年前多米尼加火山爆发产生的高温，使地层中掩埋的琥珀发生热解，而热解过程中产生的荧光物质——多环芳香分子融入到琥珀之中，这便是蓝珀神秘色彩的形成原因。

蓝珀手链的鉴别和选购

蓝珀和很多宝石一样，也分三六九等：上等蓝珀黄而纯净，肉眼能看到轻微的蓝色荧光，在紫光灯下会出现很强烈的蓝色荧光；中等蓝珀看上去有点茶色甚至有点绿，肉眼能看到蓝荧光，紫光灯下也有蓝荧光；下等蓝珀看上去瓦蓝瓦蓝的，多数因为有一面含有较多杂质，通过折射反映在表面上很蓝。这也就是说，蓝珀虽为蓝珀，但真正看上去却是金黄色，略有些蓝色荧光。只有在灯光的照射下，那种淡淡的蓝色才自内而外地呈现出来。

蓝珀手链

按照现在市场上流行的观点来看，上等的蓝珀以天空蓝为佳。现在市场上的蓝珀，正品很少，赝品很多。目前，最常见的作假手段就是在一般琥珀上面喷油。

现在，蓝珀在国内有权威的检测部门，上网也可以查到相应的编号。但是，在查看证书的时候，一定要看清楚检测结果的描述。一般来说，只有真正的蓝珀，才会直接标明"蓝珀"的字样，如果不太纯净，检测结果的描述可能就是 "LED 灯下呈蓝色"。

蓝珀手链的保养

蓝珀是一种树脂化石，形状多样，其内部经常可见气泡及古老昆虫、植物。琥珀的保养方式都大同小异，因此希望下面这些介绍能够帮助大家。

（1）蓝珀是有机宝石，因此不能让那些腐蚀性强的东西和蓝珀接触。所以，当我们佩戴蓝珀手链的时候，应该尽量避免手链接触到腐蚀性强的物质。

（2）蓝珀手链要避免和其他硬物放在一起，以免碰坏、刮伤；此外，也不能把蓝珀手链放到强烈炽热的光源下，以免爆裂。平常佩戴时，受到一点阳光的照射是不需要担心的。

（3）沾灰的蓝珀手链应该及时用温水清洗，再用柔软的布吸干水渍，最后以少量的纯净橄榄油擦拭琥珀。这样，蓝珀手链的光泽就能够恢复了。

（4）洗澡、洗碗、洗衣服的时候，要注意不要让肥皂和洗洁精沾染到手链。

蓝珀手链

蓝珀圆珠手链

基本信息

材料质地：蓝珀

规格尺寸：直径 10 毫米

适宜人群：男士、女士

风格特点：时尚、百搭、大方、优雅

星语鉴赏

佩戴指数：★★★★★★

抢眼程度：★★★★★★★★

制作工艺：★★★★★★★★★

把玩指数：★★★★★★★★

多米尼加蓝珀手链

基本信息

材料质地：蓝珀

规格尺寸：直径13毫米

适宜人群：男士、女士

风格特点：简约、百搭、大方、优雅

星语鉴赏

佩戴指数：★★★★★★★

抢眼程度：★★★★★★★★

制作工艺：★★★★★★★★

把玩指数：★★★★★★★★★

14 毫米巴西红玛瑙手链

绚丽晶莹——玛瑙手链

　　玛瑙是一种不定形状的矿石，通常有红、黑、黄、绿、蓝、紫、灰等各种颜色，而且一般都会有各种不同颜色的层状及圆形条纹环带，类似于树木的年轮。蓝、紫、绿玛瑙较高档稀有，又名"玉髓"。玛瑙呈不规则块状，近扁圆形、圆柱形，透明至半透明。表面平坦光滑，玻璃光泽；有的较凹凸不平，蜡状光泽。体轻，质硬而脆，易击碎，断面可见到以受力点为圆心的同心圆波纹，似贝壳状。具锋利棱角，可刻划玻璃并留下划痕。无臭，味淡。迅速摩擦不易热。以质坚、色红、透明者为佳。主要产自中国、印度、巴西、美国、埃及、澳大利亚、墨西哥等国。

玛瑙的分类

一、按颜色分类

（1）红玛瑙。泛指红颜色的玛瑙，即古代所谓"赤玉"。

（2）蓝玛瑙。指蓝色或蓝白色相间、颜色十分美丽的一种玛瑙。其中，颜色深蓝者为上品，颜色浅淡者为次。

（3）紫玛瑙。即多呈单一紫色的玛瑙。质优者，颜色如同紫晶，而且光亮；次者色淡，或不够光亮，俗称"闷"。天然紫玛瑙在自然界中并不多见，市场上的紫玛瑙多为人工着色而成。

（4）绿玛瑙。指绿色的玛瑙。自然界中绿玛瑙十分罕见，目前中国珠宝市场上的绿玛瑙多为人工着色而成。其中，有的色似翡翠，色彩浓绿，但有经验者很容易将其与翡翠相区别。例如，人工着色的绿玛瑙通常颜色单薄，质地无翠性，且性脆；而翡翠通常颜色浑厚，质地有翠性，且韧性大。

（5）黑玛瑙。指黑色的玛瑙。自然界中少见黑玛瑙，目前中国珠宝市场上的黑玛瑙也多为人工着色而成，其色浓黑，易与其他黑色玉石相混。有经验的人通常以其硬度大于黑曜石等来加以区别。

（6）白玛瑙。即以白色调为主的或无色的玛瑙。多用于制作佛珠，

黑玛瑙貔貅手链

然后进行人工着色，染成蓝、绿、黑等颜色。自然界所产出的一些白色玛瑙，由于颜色不正，不太受人欢迎，只能用来制成一些价格便宜的低档旅游纪念品。

（7）七彩玛瑙。是指非单一颜色的玛瑙，而是白、灰、红、蓝、绿、黄、黑、青等颜色天然随机搭配，绚丽多姿，七彩斑斓，朦胧自然，变化莫测。

（8）南红玛瑙。南红玛瑙一般为大红色，半透明状，隐约可见其中丝状物质，是我国特有的玛瑙品种，一般都产自我国少数民族区域。由于产量极其稀少，近年来南红玛瑙的价格也在不断攀升。

其中，玛瑙尤以红玛瑙为上品。因此，《格古要论》中有"玛瑙无红一世穷"之说。

二、按照纹理构造分类

（1）缠丝玛瑙。具有细纹带构造的玛瑙，有时细纹带可细得像蚕丝一样，而且颜色有多种变化，可进一步划分出以下品种：缟玛瑙、红缟玛瑙、红白缟玛瑙、黑白缟玛瑙、褐白缟玛瑙、棕黑缟玛瑙。

（2）带状玛瑙。纹带较宽的玛瑙。呈单色出现者，即前述的红玛瑙、蓝玛瑙之类。然而，无色的带状玛瑙不一定都能进行人工着色。当前，在中国珠宝界一般不采用带状玛瑙进行人工着色，而喜欢选用无纹带的。

缠丝玛瑙手链

天然水草玛瑙手链

三、按质地或其他特性分类

（1）透明玛瑙。透明如水的玛瑙。在所有品种的玛瑙中，透明度越高质量越佳。完全透明如水的玛瑙比较罕见，通常半透明者就是佳品。

（2）不透明玛瑙。光线透不过玛瑙的称为不透明玛瑙。

（3）半透明玛瑙。介于透明玛瑙和不透明玛瑙之间的玛瑙。这一品种在玛瑙中最为常见，但不应将半透明者称为透明者。

（4）苔纹玛瑙。此种玛瑙具有绿色、黑色或红色的玉髓，不完全透明至半透明之间。如苔藓者称苔藓玛瑙，如水草者称水草玛瑙，如羽毛者称羽毛玛瑙。

（5）云玛瑙。质地有云雾感的玛瑙。

（6）火玛瑙。这是一种在玛瑙条带中含有氧化铁板状晶体的玛瑙，因所含矿物在阳光下发出火红的光泽，故而取名火玛瑙。

（7）闪光玛瑙。由玛瑙条带相互干扰出现许多条黑色或暗色条带的玛瑙。

（8）水胆玛瑙。玛瑙中包含有天然液体的品种。液体通常包裹在球状玛瑙的中心，因形态常似动物的胆囊，故而得名。

自古以来，中国对玛瑙的品种划分得很细，除上述品种外，尚有基底上有锦花的"锦江玛瑙"，漆黑基底上有一线白的"合子玛瑙"，两次生成的"子孙玛瑙"，有淡色水花的"浆水玛瑙"，有紫色花斑的"酱斑玛瑙"，有竹叶状花纹的"竹叶玛瑙"，有蚯蚓状粉花的"曲蟮玛瑙"等。

14 毫米水胆玛瑙手链

水胆玛瑙手链

水胆玛瑙是玛瑙中一种奇怪的种类。其形成是因为有的玛瑙当中有空洞，其中含有水或溶液。在摇晃的时候，能够从水胆玛瑙当中听到汩汩的声音。

在水胆玛瑙中，以透明度高、无裂纹和瑕疵者最具价值。水胆玛瑙工艺品与其他高档玉器如翡翠、新疆白玉、河南独山玉等相比，翡翠以其颜色艳丽、俏色配合度好见长，独山玉以其白、黑、绿、绿紫等颜色巧雕见长，白玉以其玉质细腻、纯净无瑕见长，而水胆玛瑙以其水胆的表现见长，这是其他工艺材料所不能比拟的。

在我国，玛瑙的产地很多，大大小小差不多有二十几处，辽宁、黑龙江、新疆、内蒙古、江苏、河南、云南、湖北、台湾等地都是玛瑙的主要产地。其中，水胆玛瑙主要出产于我国东北地区的辽宁、黑龙江等地。

东北水胆玛瑙有着自己的特点，颜色呈橘黄色且不均匀，很多时候还会带黄灰色，色泽暗，裂痕多，并不是很受人们的欢迎。

目前，市场上常见的水胆玛瑙主要从巴西进口，原料进口来之后，工艺师们会精心筛选、精心设计，最后雕琢成工艺品。

水胆玛瑙手链的鉴别和选购

水胆玛瑙色泽大多呈灰、深紫、紫灰、灰白等颜色，其中质地细腻、裂痕少、水胆表现明显、色泽较好者深受人们喜爱。下面我们就为大家介绍几种简单实用的方法，以此帮助大家鉴别和选购水胆玛瑙：

（1）人工制作的水胆玛瑙有一个"盖子"，盖子一般都取材于水胆玛瑙自身，因此从材料上看不出什么异同。既然是"盖子"，就一定会有边缘，因此在鉴别水胆玛瑙的时候，可以仔细查看是否有"盖子"。因为"盖子"多用胶或树脂密封，所以可用强光照明的方法加以鉴别。在照明的情况下，注水的隧道如果封以树脂，就会出现黑影。

（2）色彩过于鲜艳的水胆玛瑙一般都是假水胆玛瑙，真正的水胆玛瑙不能用高温处理来染色。

（3）水胆内壁有腥（发黑）或有水晶晶体，那就基本可以判定水胆玛瑙是真的。因为，这是天然水胆玛瑙在形成时候留下的痕迹。

13毫米天然水胆灰玛瑙手链

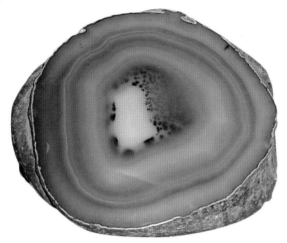

水胆玛瑙原石

水胆玛瑙手链的保养

关于水胆玛瑙的保养，归纳起来大致有以下 4 个要点：

一、水胆玛瑙怕高温

烤灼会使水胆玛瑙内部分子体积增大，质地发生变化，从而使其失去温润感，其种质变干，而其颜色也会变浅。因此去日照强烈的沙滩等地游玩时尽量不要佩戴水胆玛瑙首饰，避免过强的阳光对其直接照射。

二、水胆玛瑙需要定期清洗

将水胆玛瑙浸泡在清水中 30 分钟，如果因为长期佩戴使其表面出现脏污，只要在浸泡后用小软刷轻轻刷洗水胆玛瑙即可。这样腐蚀性的物质就很难长期存在于水胆玛瑙表面对其进行损伤，同时又能补回水胆玛瑙在夏季高温或在洗桑拿时失去的"水分"。

三、水胆玛瑙怕摔

日常生活中在佩戴水胆玛瑙首饰时，应该尽量避免使其从高处坠落或撞击硬物，不然很容易破裂、损伤。

四、水胆玛瑙怕酸、碱等化学试剂

水胆玛瑙首饰不能与酸、碱和有机溶剂接触，因为水胆玛瑙是多矿物的集合体，酸、碱化学试剂会对其表面产生腐蚀作用。另外，也不要将水胆玛瑙首饰长期放在箱里，否则，时间久了也会"失水"变干。

水胆玛瑙圆珠手链

基本信息

材料质地：水胆玛瑙

规格尺寸：直径 14 毫米

适宜人群：女士

风格特点：简约、百搭、休闲、优雅

星语鉴赏

佩戴指数：★★★★★★★

抢眼程度：★★★★★★★★

制作工艺：★★★★★★★★★

把玩指数：★★★★★★★★

精品鉴赏

水草玛瑙三圈手链

水草玛瑙

　　水草玛瑙是玛瑙的一种，又名"天丝玛瑙"，硬度 7.0 ~ 7.5，比重 2.60 ~ 2.65，折射率 1.54 ~ 1.55。水草玛瑙当中天然形成的纹理就像荷塘当中婀娜多姿、蜿蜒缠绕的水草，有绿，有紫，也有黄。

　　水草玛瑙的用途非常广泛，除了可作药用外，它还多被用来制作首饰、工艺品材料、研磨工具、仪表轴承等。

精美水草玛瑙手链

水草玛瑙手链

水草玛瑙手链

水草玛瑙手链的鉴别和选购

鉴别和选购水草玛瑙手链，主要从以下几个方面入手：

一、质地

假的水草玛瑙多为石料仿制，比真的水草玛瑙质地软，用玉在假玛瑙上可划出痕迹；相反，真正的水草玛瑙则划不出。

二、颜色

真正的水草玛瑙色泽鲜明光亮，假的水草玛瑙则没有这样的光泽和效果，如果把二者放到一起比较，效果十分明显。

三、工艺

好的水草玛瑙的生产工艺都是非常严格、先进的，因此，这类玛瑙的表面光

水草玛瑙手链

度好，镶嵌牢固、周正，无划痕、裂纹。

四、透明度

天然水草玛瑙的透明度没有人工合成的好，稍有混沌；而人工合成的水草玛瑙透明度好，有的像玻璃球一样透明。

五、温度

天然水草玛瑙具有冬暖夏凉的特点，而人工合成玛瑙的温度随外界温度而变化。

水草玛瑙手链的保养

一、日常生活当中避免水草玛瑙磕碰

水草玛瑙和玉石一样，虽然硬度大，但是受撞击之后非常容易破碎。因此，在平常佩戴的时候应该格外小心。

二、尽量避免水草玛瑙与香水等物品接触

香水、洗洁精这些液体，含有部分的化学物质。要知道，水草玛瑙受到腐蚀之后就会失去原有的光泽。因此，要尽量避免水草玛瑙与易腐蚀性物质接触。如玛瑙有污迹，可在温水中用柔软的小刷或布轻柔地擦拭。

三、水草玛瑙要保持适宜湿度，避免接触热源

水草玛瑙会因温度过高而膨胀，进而损坏内部结构，若长期接触高温可能会发生爆裂。所以，水草玛瑙应该避免热胀冷缩的变化，以免损坏。

水草玛瑙手链

天然水草玛瑙手链

天然水草玛瑙手链

基本信息

材料质地：水草玛瑙

规格尺寸：直径 14 毫米

适宜人群：男士、女士

风格特点：时尚、百搭、优雅

星语鉴赏

佩戴指数：★★★★★★★

抢眼程度：★★★★★★★★

制作工艺：★★★★★★★

把玩指数：★★★★★★★

天然水草玛瑙手链

基本信息

材料质地：水草玛瑙

规格尺寸：直径 14 毫米

适宜人群：男士、女士

风格特点：时尚、大方、优雅

星语鉴赏

佩戴指数：★★★★★★★★★

抢眼程度：★★★★★★★★

制作工艺：★★★★★★★

把玩指数：★★★★★★★

红玛瑙圆珠手链

红玛瑙

红玛瑙中又有东红玛瑙和西红玛瑙之分。所谓"东红玛瑙",是指天然含铁的玛瑙,经加热处理后形成的鲜红色、橙红色的红玛瑙。所谓"西红玛瑙",是指天然的红色玛瑙,其中有暗红者,也有艳红者。

8毫米红玛瑙情侣手链

红玛瑙手链的鉴别和选购

红玛瑙是常用于镶嵌首饰和雕刻工艺品的一种宝石，为了能够让大家选到中意的红色玛瑙手链，在这里就为大家简单地介绍一下鉴别真假红玛瑙的方法。

一、颜色

天然红玛瑙颜色分明，条带十分明显，仔细观察，在红色条带处可见密集排列的细小红色斑点。用石料仿制的红色玛瑙，多数在某一部位呈现花瓣形花纹，俗称"菊花底"。

二、质地

从表面上看，真的红玛瑙少有瑕疵，假的红玛瑙则较多。假的红玛瑙多为石料仿制，因此用玉可在其上划出痕迹，而真品则划不出。

三、工艺

凡是玛瑙，不论是红玛瑙还是其他玛瑙，在生产过程当中都有非常严格的要求。因此，真的红玛瑙表面光亮度好，镶嵌牢固、周正，无划痕，少裂纹；相反，假的红玛瑙则"劣迹斑斑"。

14 毫米红玛瑙手链

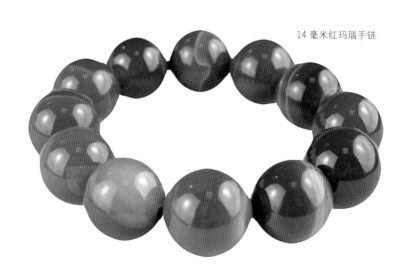

红玛瑙手链

红玛瑙手链的保养

红玛瑙可以改善内分泌，调和气血，从而达到美容养颜的功效，是女性朋友的首选。在生活中，不仅要学会佩戴首饰，提升自己的气质；还应该学会保养首饰。下面就为大家介绍一下如何保养红玛瑙手链。

拓展延伸

传说主管爱和美的女神阿佛洛狄忒躺在树荫下熟睡时，她的儿子小爱神厄洛斯偷偷地把她闪闪发光的指甲剪下来，并欢天喜地得拿着指甲飞上了天空。飞到空中的厄洛斯，一不小心把指甲弄掉了，而掉落到地上的指甲变成了石头，就是红玛瑙。因此有人认为，拥有玛瑙可以强化爱情，调整自己与爱人之间的感情。在日本的神话中，玉祖栉明玉命献给天照大神的，就是一块月牙形的红玛瑙，据说它也是日本的三种神器之一。

（1）红玛瑙和其他宝石类的物品一样，应该避免碰撞，以免造成刮痕。

（2）做家务的时候，最好摘下心爱的红玛瑙手链，尽量避免红玛瑙手链接触化妆品之类的化学品，以免化学品对红玛瑙手链造成侵蚀性永久伤害。

（3）红玛瑙需要每隔一段时间净化一次，用御守盐消磁是最标准的方法，它不是粗盐、海盐、大盐，所以不会对红玛瑙有任何腐蚀作用，可以放心使用。

红玛瑙手链

红玛瑙三圈手链

红玛瑙生肖手链

基本信息

材料质地：红玛瑙

规格尺寸：直径 12 毫米

适宜人群：男士

风格特点：时尚、百搭、优雅

星语鉴赏

佩戴指数：★★★★★★★★

抢眼程度：★★★★★★★★★

制作工艺：★★★★★★★

把玩指数：★★★★★★★

天然红玛瑙手链

基本信息

材料质地：红玛瑙

规格尺寸：直径 8 毫米

适宜人群：情侣

风格特点：简约、大方、休闲、优雅

星语鉴赏

佩戴指数：★★★★★★★★★

抢眼程度：★★★★★★★★

制作工艺：★★★★★★★

把玩指数：★★★★★★★★

精品鉴赏

12 毫米黑玛瑙手链

黑玛瑙

黑玛瑙一般介于透明到不透明之间，折射率约 1.54，比重 2.60，硬度 7，具玻璃光泽。因为黑玛瑙具有天然毛细孔，所以还可染成红、蓝、绿、黄、褐紫等各种颜色。其最大特点是具有同心环带状、层纹状、

108 颗黑玛瑙细圆珠手链

波纹状、缠丝状、草枝状等各色形态的美丽花纹，且花纹的颜色多种多样，有白、灰、黄褐、黑等。

黑玛瑙手链的鉴别和选购

黑玛瑙是常用于镶嵌首饰和雕刻工艺品的一种宝石，其鉴别与选购的方法与其他玛瑙石几乎没有什么差别，都是通过质地、颜色、透明度、温度以及工艺等来辨别，前文都已详细介绍过，在这里就不再赘述。下面主要介绍一下黑玛瑙与黑曜石之间的区别，这是因为这两种宝石不仅颜色相同、外形相似，且价格也非常相近。如何对它们加以区分呢？主要有以下两点：

14 毫米黑玛瑙手链

黑玛瑙手链

一是成分。黑玛瑙的主要成分是二氧化硅，质地很纯时为灰色。市面上的黑玛瑙一般是通过加热天然玛瑙而得的，在鉴定上因为没有添加其他非天然成分，所以仍属天然，且不会褪色。黑曜石，属于火成岩的一种，成分也以二氧化硅为主。黑曜石是火山熔岩迅速冷却后形成的一种天然玻璃，属于非纯晶质的水晶宝石。而且，黑玛瑙的硬度要比黑曜石大很多。

二是纹理。黑玛瑙的纹理表现上没有明

细珠黑玛瑙多圈手链

细珠黑曜石多圈手链

14 毫米黑玛瑙手链

显的椭圆环带，只是少部分天然玛瑙中有结晶状态，如条带状、斑点状、致密块状。而黑曜石上面大多都有天然的条纹或斑点。另外，黑曜石的有些条纹呈椭圆形，也就是俗称的单眼黑曜石或者是双眼黑曜石（有点像猫眼）。

黑玛瑙手链的保养

黑玛瑙手链的保养与其他玛瑙没有什么区别，非常简单。

一是注意不要碰撞硬物或是掉落，不使用时应收藏在质地柔软的饰品盒内。二是不要接触一些化学剂液，以免影响黑玛瑙的光泽。三是要注意避开热源，如阳光、炉灶等，因为黑玛瑙遇热会膨胀，有些甚至会发生爆裂的现象。另外，就是要保持适宜的湿度。

黑玛瑙磨砂六字真言手链

基本信息

材料质地：黑玛瑙

规格尺寸：直径 15 毫米

适宜人群：男士

风格特点：百搭、大方、优雅

星语鉴赏

佩戴指数：★★★★★★★★

抢眼程度：★★★★★★★

制作工艺：★★★★★★★★

把玩指数：★★★★★★★

后 记

现今，手链俨然已成为时尚的一个标志，追求潮流的一个重点，不但能够突显佩戴者的非凡气质，还能够表达对生活品位的追求。其材质更是多种多样，如用名贵木材或贵重金属制作的手链，还有用珠宝或玉石制作的手链，以及用琥珀或玛瑙等其他材质制作的手链。美丽的手链随着手部的动作引起旁人的注意，影响他们对自己的印象等。

为了满足广大读者尤其是手链爱好者的阅读需求，我们特别编辑了本书。在本书的编辑过程中，张昊先生和石琨先生为我们提供了大量图片，给予了大力支持，在此深表谢意。

为了更深入地了解手链市场，我们分别实地拜访了天津市南开区古玩城婧雯轩的总经理张昊先生和核源山庄的总经理石琨先生。

婧雯轩的张昊先生对我们说："和耳环、项链、戒指一样，手链作为服装的一种配套装饰，作为个人风格、爱好的一种展示手段，正在被越来越多的人所接受并运用。但是，手链最初的出现并非完全是出自于爱美，而是与图腾崇拜、巫术礼仪有关。发展到今天，佩戴手链已成为一种潮流、一种时尚。其材质繁多，单是名贵木材类手链就有紫檀手链、黄花梨手链、金丝楠木手链等。" 张先生边说边把不同木质的手链拿到我们面前，告诉我们如何分辨不同的木质以及辨别做工的好坏等。

走进核源山庄，里面有着各种样式的核桃手链，石琨先生对我们说："核桃手链与其他手链不一样，它可以在把玩中浸润，在把玩中收藏，在把玩中升值，在玩核桃的核友心目中，核桃不仅是健身器材，也不仅是艺术品，而是集把玩、健身、观赏于一身的掌上明珠。"

正是由于张先生和石先生的鼎力相助，还有众多好友的支持，此书才得以呈现在广大读者尤其是广大手链爱好者面前。

在本书付梓之际，衷心感谢在本书编写及出版过程中给予帮助的朋友及工作人员，没有他们的热情劳动和帮助，也就没有这本书的诞生。

● **总 策 划**

王丙杰　贾振明

● **责任编辑**

张建平　李晨曦

● **排版制作**

腾飞文化

● **编 委 会**（排序不分先后）

玮 珏　苏 易　玲 珑

吕晓滨　伊 记　田文山

马艳明　王海威　吕记霞

● **责任校对**

张杰楠

● **版式设计**

黄少伟

● **图片提供**

张昊　石琨　贾辉

http://shop35325069.taobao.com

http://www.nipic.com

http://www.huitu.com

手上链情